# 变电站智能化提升 关键技术 丛书

# 互感器设备

国网湖南省电力有限公司　组编

中国电力出版社
CHINA ELECTRIC POWER PRESS

# 内 容 提 要

为促进智能变电站的发展，加强电力从业人员对变电运维检修常见问题及解决方案的交流和学习，国网湖南省电力有限公司组织编写了《变电站智能化提升关键技术丛书》，丛书包括《变压器及无功设备》《二次及辅助系统》《互感器设备》《开关设备》4个分册。

本分册为《互感器设备》，共2章，分别介绍了电流互感器、电压互感器两类设备的智能化提升关键技术，并给出了电流互感器、电压互感器两类设备的对比及选型建议。

本书可供供电企业从事变电一次设备运维、检修工作的技术及管理人员使用，也可供制造厂、电力用户相关专业技术人员及大专院校相关专业师生参考。

**图书在版编目（CIP）数据**

互感器设备 / 国网湖南省电力有限公司组编 . — 北京：中国电力出版社，2020.9
（变电站智能化提升关键技术丛书）
ISBN 978–7–5198–4931–3

Ⅰ.①互…　Ⅱ.①国…　Ⅲ.①互感器—研究　Ⅳ.① TM45

中国版本图书馆 CIP 数据核字（2020）第 167659 号

出版发行：中国电力出版社
地　　址：北京市东城区北京站西街 19 号（邮政编码 100005）
网　　址：http://www.cepp.sgcc.com.cn
责任编辑：赵　杨（010–63412287）
责任校对：黄　蓓　于　维
装帧设计：张俊霞
责任印制：石　雷

印　　刷：三河市百盛印装有限公司
版　　次：2020 年 9 月第一版
印　　次：2020 年 9 月北京第一次印刷
开　　本：787 毫米 ×1092 毫米　16 开本
印　　张：7.25
字　　数：150 千字
定　　价：38.00 元

变电站智能化提升关键技术丛书

**互感器设备**

# 前 言

　　为促进变电站运行可靠性及智能化水平提升，加强电力行业从业人员对变电站运维检修过程中常见问题及解决方案的交流学习，实现电网"供电更可靠、设备更安全、运检更高效、全寿命成本更低"，国网湖南省电力有限公司组织编写了《变电站智能化提升关键技术丛书》，丛书包括《变压器及无功设备》《二次及辅助系统》《互感器设备》《开关设备》4 个分册。本丛书全面继承传统变电站、第一代智能变电站及新一代智能变电站内设备优点，全方位梳理电力行业新成果，凝练一系列针对各类设备的可靠性提升措施和智能关键技术。为使读者能够对每类设备可靠性提升措施和智能关键技术有完整、系统的了解和认识，本丛书在系统性调研的基础上，整理了各运维单位及设备厂家设备实际运行过程中的相关故障及缺陷案例，并综合电力行业专家意见，从主要结构型式、主要问题分析、可靠性提升措施、智能化关键技术、对比选型建议等五个方面对每类设备分别进行详细介绍，旨在解决设备的安全运行、智能监测等问题，从而提升设备本质安全及运检便捷性。

　　本分册为《互感器设备》，共 2 章，第 1 章介绍了油浸式电流互感器、$SF_6$ 气体绝缘式电流互感器、干式电流互感器、电子式电流互感器可靠性提升措施和智能化关键技术，并给出了不同型式电流互感器对比及选型建议。第 2 章介绍了电容式电压互感器、电磁式电压互感器、电子式电压互感器可靠性提升措施和智能化关键技术，并给出了不同型式电压互感器对比及选型建议。

　　本书涵盖知识较广、较深，对电力行业互感器类设备的发展具有一定的前瞻性，值得电力行业从业人员学习和研究。

　　限于作者水平和时间有限，书中难免出现疏漏和不妥之处，敬请读者批评指正。

编者

2020 年 6 月

变电站智能化提升关键技术丛书

**互感器设备**

# 目 录

## 前言

# 第1章 电流互感器智能化提升关键技术

互感器是电力系统中用来将电网高电压、大电流的信息传递到低电压、小电流二次侧的电力设备，其一次绕组接入电网，二次绕组与测量仪表、计量装置、继电保护和自动化装置配合，实现对电力系统的电压电流测量、继电保护和自动控制功能。按照其使用功能分为电压互感器和电流互感器。

## 1.1 电流互感器基本原理

电流互感器是一种专门用来进行电流变换的特殊变压器，在正常情况下，其二次侧电流与一次侧电流成正比。按照其电流变换原理可分为电磁式电流互感器和电子式电流互感器。

### 1.1.1 电磁式电流互感器基本原理

电磁式电流互感器是一种将一次电流按比例变换为二次电流的互感器，在连接方法正确时，其相位差接近于零。电磁式电流互感器是基于电磁感应原理完成电流转换，铁心磁导率远大于空气，选用磁密较低的硅钢片时，励磁电流很小几乎可以忽略。其工作原理图如图 1-1 所示，根据磁动势平衡方程，一次侧绕组（匝数 $N_1$）磁动势与二次侧绕组（匝数 $N_2$）磁动势大小相等，可推导得 $I_1N_1=I_2N_2$。因此一次侧与二次侧电流比和二次侧与一次侧匝数比相等。通过调整互感器线圈匝数比，可得到标准的二次电流，我国国家标准规定的二次侧额定电流一般为 5A 或 1A。

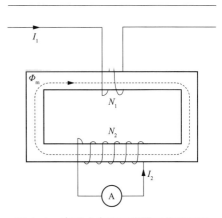

图 1-1 电磁式电流互感器工作原理图

### 1.1.2 电子式电流互感器基本原理

电子式电流互感器是由连接到传输系统和二次转换器的一个或多个电流传感器组成，其二次转换器输出实质上正比于一次电流，在联结方法正确时，其相位差接近于已知相位角。

电子式电流互感器根据是否需要一次电源，可分为有源型电子式电流互感器和无源型电子式电流互感器。

### 1.1.2.1 有源型电子式电流互感器

有源型电子式电流互感器的传感原理是电磁感应。有源型电子式电流互感器需要一次电源，一般由供能 TA 和激光供能组合供能。有源型电子式电流互感器工作原理图如图 1-2 所示，高压侧电流信号通过罗氏线圈（Rogowiski）和低功率铁心线圈（LPCT）采样，基于电磁感应原理转换为转换电流，转换电流经采集器中信号调制电路及数模转换等模块转换为光电信号，经光纤传输至低压侧合并单元进行逆变换，转成电信号供系统测量、计量、保护等使用。

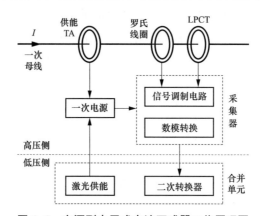

图 1-2  有源型电子式电流互感器工作原理图

### 1.1.2.2 无源型电子式电流互感器

无源型电子式电流互感器的传感原理一般是基于法拉第旋光效应（Faraday）。偏振光通过磁光材料，偏振角度会发生变化，偏振角度与磁场强度和光路长度等有关，通过偏振光的偏振角度与被测电流之间的对应关系即可计算得电流值，基于该原理的电子式电流互感器也称光学电子式电流互感器。无源型电子式电流互感器工作原理图如图 1-3 所示，光源通过透镜、起偏器进入磁光玻璃，磁光玻璃折射率随电流产生的磁场强度变化而变化，经透镜、检偏器获取偏振角度，通过光电转换模块进行信号解调并传至合并单元。

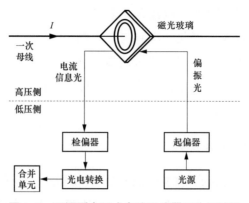

图 1-3  无源型电子式电流互感器工作原理图

## 1.2 电流互感器结构型式

电流互感器按照其绝缘介质分类，可分为油浸式、SF$_6$气体绝缘式和干式电流互感器；按照其电流变换原理可分为电磁式、电子式电流互感器；按照其重心分布位置可分为正立式电流互感器和倒立式电流互感器。

### 1.2.1 油浸式电流互感器

#### 1.2.1.1 油浸正立式电流互感器

油浸正立式电流互感器主要由一次绕组、铁心、二次绕组、瓷套、油箱、膨胀器等部件组成，按主绝缘结构不同可分为电容型和链型，重心位于中下部，呈正立式结构，如图1-4所示。

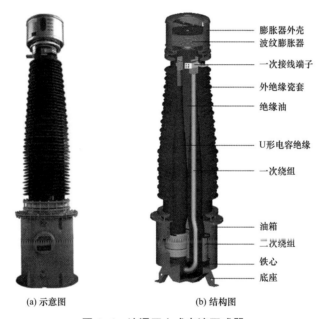

(a) 示意图　　　　　　(b) 结构图

**图1-4 油浸正立式电流互感器**

电容型结构主绝缘一般采用电容型油纸绝缘，油纸全部包绕在"U"字形的一次绕组上，其间设若干电容屏，内屏接高电位，外屏（也称"末屏"）可靠接地，通常用于110kV及以上电压等级互感器。

链型结构主绝缘由两部分组成，绝缘纸一部分包绕在吊环型的一次绕组上，另一部分包绕在二次绕组上，因其一次绕组与二次绕组构成相互垂直的两个链环，故称为"链型"。链型结构通常用于35kV及以下电压等级互感器。互感器器身固定在箱底，油箱上部装有瓷套，一次出线端子在瓷套的上部。二次绕组布置在下部。一般情况下为油浸全密封结构，利用膨胀器补偿油温变化并指示油位。

### 1.2.1.2 油浸倒立式电流互感器

油浸倒立式电流互感器组成部件与油浸正立式电流互感器类似，其主绝缘结构主要为油纸电容型绝缘，与正立式的主要区别是其二次绕组及铁心均置于整个结构的顶部，重心位于中上部。一次绕组为贯穿式导电杆结构，从二次绕组中心穿过。二次绕组采用金属屏蔽罩包裹，置于互感器的上部，二次绕组引线通过其内部的一根金属管引入低压侧，主绝缘包绕在金属屏蔽罩及金属管上，其间设若干电容屏，外屏接高电位，内屏可靠接地，如图1-5所示。

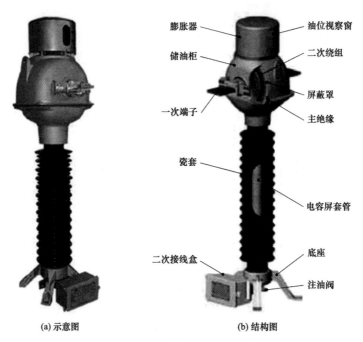

(a) 示意图          (b) 结构图

图1-5 油浸倒立式电流互感器

## 1.2.2 SF$_6$气体绝缘式电流互感器

SF$_6$气体绝缘式电流互感器主要由一次导电杆、二次绕组、绝缘支撑筒、外绝缘瓷套等部件组成，均采用倒立式结构，主绝缘介质为SF$_6$气体，产品重心位于中上部。二次绕组固定在金属罩壳中，置于产品的上部，采用盆式绝缘子或绝缘支柱支撑，二次引线通过引线管引入低压侧，如图1-6所示。一次绕组一般为直线形的铜管或铝管，从二次绕组中心穿过，所有空腔充以SF$_6$气体。

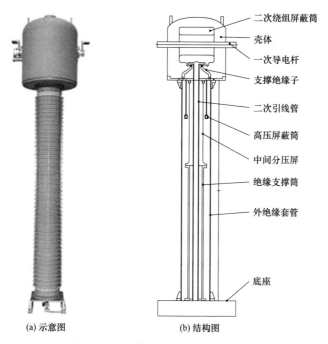

| | 二次绕组屏蔽筒 |
| --- | --- |
| | 壳体 |
| | 一次导电杆 |
| | 支撑绝缘子 |
| | 二次引线管 |
| | 高压屏蔽筒 |
| | 中间分压屏 |
| | 绝缘支撑筒 |
| | 外绝缘套管 |
| | 底座 |

(a) 示意图　　　　　　　(b) 结构图

图 1-6　$SF_6$ 气体绝缘式电流互感器

## 1.2.3　干式电流互感器

干式电流互感器主要由一次绕组、铁心、二次绕组、外绝缘等主要部件组成，按照其主绝缘型式可分为合成薄膜包绕式和环氧浇注式两种。

### 1.2.3.1　合成薄膜包绕式干式电流互感器

合成薄膜包绕式干式电流互感器一次绕组采用"U"字形铜线或铝线，主绝缘采用聚四氟乙烯配合油膜的方式构成。在绝缘层外粘接硅橡胶伞，形成电流互感器的外部绝缘。二次绕组分别套于一次绕组下部两边，并用金属壳封闭，如图 1-7 所示。

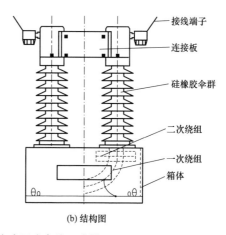

| | 接线端子 |
| --- | --- |
| | 连接板 |
| | 硅橡胶伞群 |
| | 二次绕组 |
| | 一次绕组 |
| | 箱体 |

(a) 示意图　　　　　　　(b) 结构图

图 1-7　合成薄膜包绕式干式电流互感器

#### 1.2.3.2 环氧浇注式干式电流互感器

环氧浇注式干式电流互感器由一次、二次绕组构成，采用环氧树脂真空浇注，一次和二次绕组、铁心均浇筑在环氧树脂内部，户外产品应采用抗紫外线的户外环氧树脂材料或外涂硅橡胶，如图 1-8 所示。

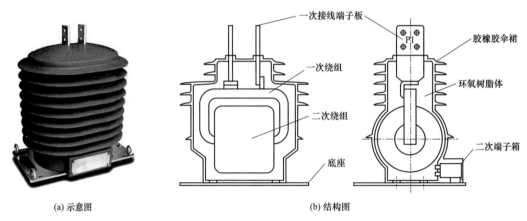

(a) 示意图　　(b) 结构图

图 1-8　环氧浇注式干式电流互感器示意图和结构图

### 1.2.4　电子式电流互感器

#### 1.2.4.1　有源型电子式电流互感器

有源型电子式电流互感器主要由一次导体、一次转换器、传输系统、二次转换器等部件组成。一次转换元件主要有罗氏线圈和低功率铁心线圈（LPCT），一般分别应用于保护和测量。通过一次转换元件测量一次导体电流后，通过一次转换器处理、传输系统传输、二次转换器转换后实现系统电流的测量，独立式有源型电子式电流互感器如图 1-9 所示，GIS 有源型电子式电流互感器如图 1-10 所示。

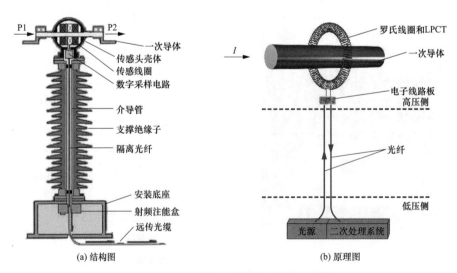

(a) 结构图　　(b) 原理图

图 1-9　独立式有源型电子式电流互感器

(a) 示意图

电容分压环 远端模块 LPCT 空芯线圈

(b) 结构图

图 1-10 GIS 有源型电子式电流互感器

### 1.2.4.2 无源型电子式电流互感器

无源型电子式电流互感器主要由光纤传感器、光纤、复合绝缘子、电气单元等部件组成，基于法拉第磁光效应及安培环路定理，当一束偏振光沿着与电流产生的磁场方向通过敏感光纤时，偏振光将产生旋光角，通过干涉仪及闭环控制技术准确测量该旋光角，从而测量一次电流的幅值和相位。独立式和 GIS 无源型电子式电流互感器分别如图 1-11 和图 1-12 所示。

集成式光 TA

(a) 示意图

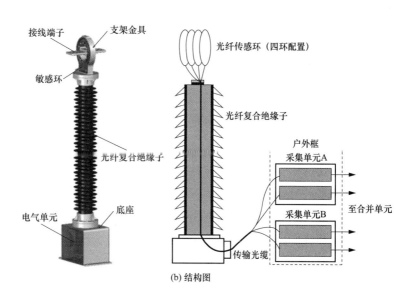

接线端子 支架金具

敏感环

光纤传感环（四环配置）

光纤复合绝缘子

户外框
采集单元A

采集单元B

至合并单元

电气单元 底座

光纤复合绝缘子

传输光缆

(b) 结构图

图 1-11 独立式无源型电子式电流互感器

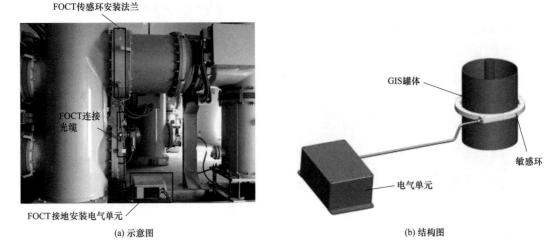

(a) 示意图　　　　　　　　　　　(b) 结构图

图 1-12　GIS 无源型电子式电流互感器

# 1.3　电流互感器运行主要问题分析

## 1.3.1　互感器运行基本要求

### 1.3.1.1　基本技术要求

互感器应有标明其基本技术参数的铭牌标志，互感器技术参数必须满足安装地点的环境条件（如污秽等级、海拔高度等）及运行工况（如额定电压、额定电流、短路电流等）的要求，互感器本体应可靠接地，接地引下线截面积应满足安装地点最大短路电流的要求。

互感器的各个二次绕组（包括备用）均必须有可靠的保护接地，且只允许一个接地点。二次绕组准确度等级应满足与之匹配的计量、保护、测量装置的要求，二次绕组所接负荷应在准确等级所规定的负荷范围内。

### 1.3.1.2　互感器绝缘要求

高压互感器的绝缘等级，应保证在电网最高工作电压（即设备最高电压）下长期运行，并能承受暂时过电压、操作过电压、雷电过电压等短时过电压。高压互感器的绝缘水平应满足 GB/T 311.2—2013《高压输变电设备的绝缘配合　第 2 部分：使用导则》的规定。高压互感器要严格控制局部放电水平和外绝缘爬电距离，无论是安装在户内还是户外，均应符合环境污秽等级要求。

### 1.3.1.3　互感器动热稳定性能要求

互感器动热稳定性能应满足 GB 1208—2006《电流互感器》、GB 1207—2006《电磁式电压互感器》和 GB/T 4703—2007《电容式电压互感器》的规定。

电流互感器热稳定性能包括长时热稳定性和短时热稳定性。长时热稳定性能是指互感器通过额定连续热电流时，互感器各部分的温升不超过规定限值；短时热稳定性是指电流互感器通过短时短路电流时互感器各部分的温升不超过规定限值。动稳定性是指电流互感器在通过最大短路冲击电流时，互感器能承受这个电动力作用而不发生变形和损坏。对于电压互感器而言，动热稳定性能是指在额定一次电压下，二次绕组发生短路并历时 1s 时间内，电压互感器无热效应和机械性损伤。

电流互感器的动热稳定性能应同时满足一次绕组串联、并联两种接线方式下的运行可靠性。应定期对电流互感器动、热稳定电流进行校核，若安装地点短路电流大于产品铭牌规定值，则应考虑更换电流互感器。

### 1.3.1.4　抑制谐振过电压要求

内部过电压分为操作过电压和暂时过电压两大类。在故障或操作瞬间所发生过渡过程的过电压称为操作过电压，在过渡过程结束以后出现的工频过电压和谐振过电压，统称为暂时过电压。

电磁式电压互感器易发生谐振过电压事故，其持续时间可达数秒甚至数分钟，且谐振过电压幅值较高，对设备及电网影响极大。在运行中应采取倒闸操作避开谐振发生条件、选用励磁特性较好的互感器（如适当较低铁心磁密）、选用保护装置以限制过电压幅值和持续时间等措施抑制谐振过电压发生。

电容式电压互感器本身回路电阻很小，易因自身谐振造成过电压事故，因此电容式电压互感器制造时必须设置阻尼器，在短时间内消耗谐振能量，以抑制其自身谐振过电压。

中性点非有效接地系统中，作为单相接地监视用的电压互感器，应在一次中性点或二次回路中装设消谐装置以抑制谐振过电压。

### 1.3.1.5　互感器安全运行要求

（1）电压互感器二次绕组严禁短路，电流互感器二次绕组严禁开路，电流互感器未接入二次负荷的绕组在运行中必须短路。

（2）运行中的环氧浇注干式互感器外绝缘如有裂纹、沿面放电、局部变色、变形，应立即更换。

（3）电容屏电流互感器一次绕组的末屏必须可靠接地。

（4）倒立式电流互感器二次绕组屏蔽罩的接地端子必须可靠接地。

（5）电磁式电压互感器一次绕组 N（X）端必须可靠接地。

（6）电容式电压互感器的电容分压器低压端子（N、J）必须通过载波回路线圈接地或直接接地。

（7）保护电压互感器用的高压熔断器，应按母线额定电压及短路容量选择，主回路熔断电流一般按照最大负荷电流的 1.5 倍配置。

（8）电压互感器二次侧应装设熔断器或自动开关，作为二次侧过负荷或故障的保护。

## 1.3.2 油浸正立式电流互感器主要问题分析

油浸式正立式电流互感器在电网中应用广泛，设备缺陷主要集中发生在电气试验和巡视过程中。通过电气试验手段发现的缺陷主要是互感器绝缘类的缺陷，包括绝缘电阻降低或介质损耗超标、油色谱异常等，其产生原因主要为本体及部件绝缘下降、绝缘油质劣化、设备老化等。巡视发现的缺陷主要集中在设备外观方面，主要有渗漏油、锈蚀、运行时声响异常、发热、外观机械损伤，此类缺陷的产生受环境条件、运行年限、设备部件材质、日常运维等多方面因素影响。通常对缺陷性质及产生原因进行归类，然后做进一步的故障定性和发展趋势诊断，为设备可靠性提升措施提供依据。

通过对电网系统内已投运 5~10 年的 35~500kV 电压等级电流互感器连续三年的跟踪分析，归纳出油浸正立式电流互感器主要问题 9 大类，共 67 项。

按问题类型统计，锈蚀、油色谱异常、密封不严、结构不合理问题数量较多，占问题总数的 64.18%，其中锈蚀问题 12 项，占 17.91%；油色谱异常问题 11 项，占 11%；密封不严、结构不合理问题各 10 项，各占 14.93%。油浸正立式电流互感器设备主要问题分析如表 1-1 所示。

表 1-1 油浸正立式电流互感器设备主要问题分析

| 问题分类 | 数量 | 占比（%） | 问题描述 | 数量 |
|---|---|---|---|---|
| 锈蚀 | 12 | 17.91 | 法兰、油箱、膨胀器罩等部件锈蚀 | 12 |
| 油色谱异常 | 11 | 16.42 | 油色谱异常 | 11 |
| 密封不严 | 10 | 14.93 | 渗漏油 | 8 |
| | | | 受潮 | 2 |
| 结构不合理 | 10 | 14.93 | 膨胀器补偿容量不足 | 2 |
| | | | 二次端子转动 | 2 |
| | | | 取样阀位置设置不合理 | 2 |
| | | | 取油接口规格不统一 | 2 |
| | | | 膨胀器与外罩尺寸配合问题导致假油位 | 1 |
| | | | 中性点零序电流互感器呼吸器位置不合理 | 1 |
| 观察窗模糊 | 9 | 13.43 | 观察窗模糊 | 9 |
| 末屏接地不可靠 | 6 | 8.96 | 末屏接地断裂 | 6 |
| 发热问题 | 4 | 5.97 | 发热 | 4 |

续表

| 问题分类 | 数量 | 占比（%） | 问题描述 | 数量 |
|---|---|---|---|---|
| 安装问题 | 3 | 4.48 | 安装支架过高 | 1 |
| | | | 末屏接地未引下 | 2 |
| 其他 | 2 | 2.99 | 等电位连接片缺失 | 1 |
| | | | 一次接线板材质不佳 | 1 |

按电压等级统计，110、220kV 设备问题较多，220kV 设备问题 26 个，110kV 设备问题 37 个，占 94%；35kV 设备问题 4 个，占总数的 6%，主要问题分类占比（按电压等级）如图 1-13 所示。

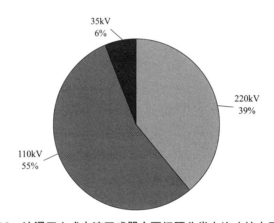

图 1-13　油浸正立式电流互感器主要问题分类占比（按电压等级）

### 1.3.3　油浸倒立式电流互感器主要问题分析

油浸倒立式电流互感器因其重心较高，一般采取卧倒运输方式。但部分厂家在运输过程仍存在因保护措施不当造成的设备损伤。

倒立式电流互感器体积相对于正立式较小，结构更为紧凑，对其在制造工艺、结构设计、使用材料等方面要求更为严格，其缺陷类型与油浸正立式电流互感器类似。油浸倒立式电流互感器内部绝缘油少，对取油样次数有严格要求，一旦互感器内部出现异常，运行单位无法及时发现问题。经多次取油后的倒立式电流互感器，要视油位情况进行补油。

通过对电网系统内已投运 5~10 年的 35~500kV 电压等级互感器设备连续三年的跟踪分析，归纳出油浸倒立式电流互感器主要问题 8 大类、18 小类，共 29 项。

按问题类型统计，部件设计不合理问题 9 项，占 31.03%；密封不严问题 7 项，占 24.14%；注补油问题 4 项，占 13.79%。油浸倒立式电流互感器设备主要问题分析如表 1-2 所示，主要问题分类占比（按问题类型）如图 1-14 所示。

| 表 1-2 | | | 油浸倒立式电流互感器设备主要问题分析 | |
|---|---|---|---|---|
| 问题分类 | 数量 | 占比（%） | 问题描述 | 数量 |
| 部件设计不合理 | 9 | 31.03 | 油容量不满足多次检测需求 | 3 |
| | | | 二次端子易转动 | 2 |
| | | | 二次接线盒结构不合理 | 2 |
| | | | 取油口不统一 | 2 |
| | | | 末屏引出线不合理 | 1 |
| 密封不严 | 7 | 24.14 | 二次绕组接线盒处渗油 | 3 |
| | | | 瓷套法兰处渗油 | 2 |
| | | | 一次导管法兰盘处渗油 | 1 |
| | | | 密封圈密闭不良/受潮 | 1 |
| 注补油问题 | 4 | 13.79 | 渗漏油 | 4 |
| 发热问题 | 2 | 6.90 | 接触不良导致局部发热 | 2 |
| 油位观察窗模糊 | 1 | 3.45 | 油位观察窗模糊 | 1 |
| 油色谱异常 | 1 | 3.45 | 油色谱异常 | 1 |
| 运输问题 | 1 | 3.45 | 运输过程中碰撞开裂 | 1 |
| 其他 | 4 | 13.79 | 绝缘包绕问题 | 1 |
| | | | 抱箍线夹材质不良 | 1 |
| | | | 外绝缘龟裂 | 1 |
| | | | 器身压板缺失 | 1 |

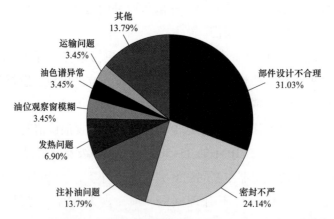

图 1-14 油浸倒立式电流互感器主要问题分类占比（按问题类型）

按电压等级统计，500、220、110kV 设备问题较多。500kV 设备问题 9 个，占 30.00%；220kV 设备问题 13 个，占 43.33%；110kV 设备问题 6 个，占 20.00%；66kV 设备问题 1 个，占 3.33%；35kV 设备问题 1 个，占 3.33%，主要问题分类占比（按电压等级）如图 1-15 所示。

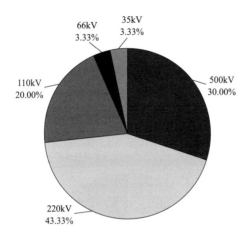

图 1-15　油浸倒立式电流互感器主要问题分类占比（按电压等级）

## 1.3.4　干式电流互感器主要问题分析

干式电流互感器现场不可拆卸，一旦出现问题难以解体检修。干式产品在原材料制造过程中各个环节都必须严格管控质量，以保证长期安全运行。有机绝缘性能下降是干式电流互感器在运维中出现的主要问题。

通过对电网系统内已投运 5~10 年的 10~500kV 电压等级互感器设备连续三年的跟踪分析，归纳出干式电流互感器主要问题 6 大类，共 24 项。

按问题类型统计，其中绝缘下降问题 15 项，占 62.50%，组部件结构不合理问题 3 项，占 12.50%，密封不良问题 2 项，占 8.33%。干式电流互感器主要问题分析如表 1-3 所示，主要问题分类占比（按问题类型）如图 1-16 所示。

表 1-3　　　　　　　　　　　干式电流互感器主要问题分析

| 问题分类 | 数量 | 占比（%） | 问题描述 | 数量 |
|---|---|---|---|---|
| 绝缘下降 | 15 | 62.50 | 绝缘层老化 | 13 |
| | | | 局部放电 | 2 |
| 组部件结构不合理 | 3 | 12.50 | 二次端子间距离过近 | 1 |
| | | | 门型盖板不利于巡检 | 1 |
| | | | 安装尺寸无统一规范 | 1 |

续表

| 问题分类 | 数量 | 占比（%） | 问题描述 | 数量 |
|---|---|---|---|---|
| 密封不良 | 2 | 8.33 | 二次接线盒密封不良 | 1 |
| | | | 硅脂渗漏 | 1 |
| 局部发热 | 2 | 8.33 | 一次引线排接触面积小 | 1 |
| | | | 线夹接触不良 | 1 |
| 锈蚀 | 1 | 4.17 | 接线板锈蚀 | 1 |
| 其他 | 1 | 4.17 | 变比不满足要求 | 1 |

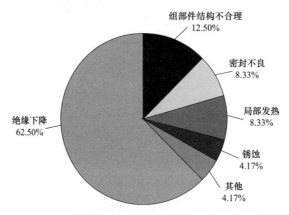

图 1-16　干式电流互感器主要问题分类占比（按问题类型）

按电压等级统计，110、35kV 设备问题较多。35kV 设备问题数量 12 个，占 50.00%；66kV 设备问题数量 2 个，占 8.33%；110kV 设备问题数量 5 个，占 20.83%；220kV 设备问题数量 2 个，占 8.33%；覆盖全电压等级设备的问题数量 3 个，占 12.50%。主要问题分类占比（按电压等级）如图 1-17 所示。

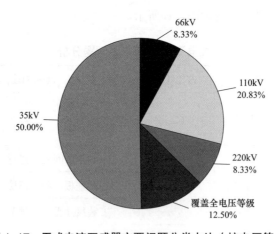

图 1-17　干式电流互感器主要问题分类占比（按电压等级）

### 1.3.5　气体绝缘电流互感器主要问题分析

气体绝缘互感器以 $SF_6$ 气体为主绝缘，对电场的均匀性要求非常高，在设计时需要满足均匀电场的要求。产品设计不合理、制造安装工艺不过关、绝缘零部件质量缺陷都会导致内部现场分布发生变化，严重时产生持续局部放电导致击穿故障的发生。互感器部件材质问题中，防爆膜材质不良会导致互感器在正常运行情况下出现防爆膜破裂，危及设备安全，故防爆膜应具备良好的防潮和防锈蚀性能。

气体绝缘互感器会受使用地区的海拔、气候和气温变化情况等环境因素的影响。设计选型时需要考虑当地的地理位置与气象条件。运输和吊装不当导致的机械形变、密封设计及密封圈质量不良导致的受潮漏气、密度继电器质量不良等因素也是影响气体绝缘互感器运行的主要问题。

通过对电网系统内已投运 5~10 年的 35~500kV 电压等级互感器设备连续三年的跟踪分析，归纳出气体绝缘互感器的主要问题 4 大类，共 27 项。

按问题类型统计，其中材质不良问题占 40.74%，气体压力异常问题占 25.93%，密度继电器问题占 25.93%。气体绝缘电流互感器设备主要问题分析如表 1-4 所示，主要问题分类占比（按问题类型）如图 1-18 所示。

表 1-4　　　　　　　　气体绝缘电流互感器设备主要问题分析

| 问题分类 | 数量 | 占比（%） | 问题描述 | 数量 |
|---|---|---|---|---|
| 材质不良 | 11 | 40.74 | 防爆膜不符合标准 | 6 |
| | | | 外部接头发热 | 2 |
| | | | 内部组件裂纹 | 1 |
| | | | 二次接线盒锈蚀 | 1 |
| | | | 螺栓锈蚀 | 1 |
| 气体压力异常 | 7 | 25.93 | 密封设计及密封圈质量问题 | 3 |
| | | | 螺栓设计选型不当、紧固不到位 | 2 |
| | | | 砂眼 | 1 |
| | | | 焊缝开裂 | 1 |
| 密度继电器问题 | 7 | 25.93 | 密度继电器无防雨罩 | 2 |
| | | | 密度继电器误报警 | 2 |
| | | | 密度继电器接头锈蚀 | 1 |
| | | | 密度继电器不便于观察 | 1 |
| | | | 密度继电器箱视窗脏污 | 1 |
| 结构不合理（充气接口不统一） | 2 | 7.41 | 充气接口不统一 | 2 |

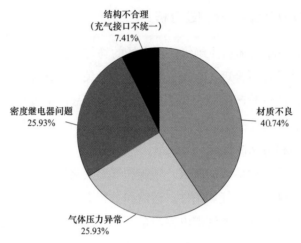

图 1-18　气体绝缘电流互感器主要问题分类占比（按问题类型）

按电压等级统计，以 110kV 及以上设备问题为主。110kV 设备问题数量 9 个，占 33.33%；220kV 设备问题数量 12 个，占 44.44%；330kV 设备问题数量 1 个，占 3.70%；500kV 设备问题数量 5 个，占 18.52%。主要问题分类占比（按电压等级）如图 1-19 所示。

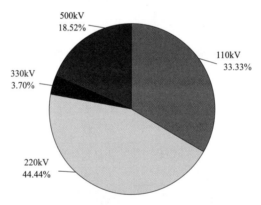

图 1-19　气体绝缘电流互感器主要问题分类占比（按电压等级）

### 1.3.6　有源型电子式电流互感器主要问题分析

由于电子式互感器长期运行可靠性不太理想，因此很多仍处于示范研究阶段。有源型电子式电流互感器的故障主要包括采集器故障、传感器故障、合并单元故障和供能故障等，其中激光器自身失效率较高是导致供能故障的主要原因。激光供能是由地电位侧激光器通过光纤将能量传送到高电位侧，由光电池在高电位侧将光能量转换为电能量，为采集器提供工作电源，互感器电源质量的稳定性会直接影响采集器的性能。

通过对电网系统内已投运 5~10 年的 10~500kV 电压等级互感器设备连续三年的跟踪分析，归纳出有源型电子式电流互感器主要问题 4 大类，共计 26 项。

按问题类型统计，其中环境问题占 19.23%，产品质量问题占 57.69%，密封不严问题占

15.38%，设计问题占 7.69%。有源型电子式电流互感器设备主要问题分析如表 1-5 所示，主要问题分类占比（按问题类型）如图 1-20 所示。

表 1-5　　　　　　　　　有源型电子式电流互感器设备主要问题分析

| 问题分类 | 数量 | 占比（%） | 问题描述 | 数量 |
|---|---|---|---|---|
| 环境问题 | 5 | 19.23 | 恶劣环境下影响寿命 | 4 |
| | | | 低温情况下影响采样 | 1 |
| 产品质量 | 15 | 57.69 | 激光电源运行不稳定 | 3 |
| | | | 远端模块运行不稳定 | 4 |
| | | | 光电采集卡运行不稳定 | 4 |
| | | | 供能模块质量问题 | 1 |
| | | | 保护采样不稳定 | 3 |
| 密封不严 | 4 | 15.38 | 采集盒引线入口密封不严 | 4 |
| 设计问题 | 2 | 7.69 | 采集卡设计位置不合理 | 1 |
| | | | 引起大范围保护停用 | 1 |

按电压等级统计，110、220kV 设备问题较多。330kV 设备问题 1 个，占 3.85%；220kV 设备问题 14 个，占 53.85%；110kV 设备问题 8 个，占 30.77%；66kV 设备问题 1 个，占 3.85%；35kV 设备问题 1 个，占 3.85%；10kV 设备问题 1 个，占 3.85%。主要问题分类占比（按电压等级）如图 1-21 所示。

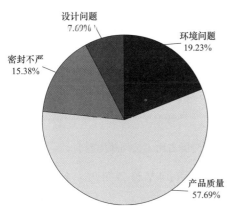

图 1-20　有源型电子式电流互感器主要问题分类占比（按问题类型）

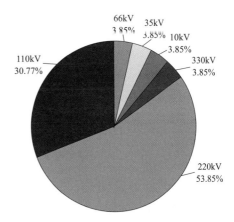

图 1-21　有源型电子式电流互感器主要问题分类占比（按电压等级）

### 1.3.7 无源型电子式电流互感器主要问题分析

无源型电子式电流互感器采用法拉第磁光效应作为一次传感原理，其高压部分不需要电子线路，更加简洁可靠，一次传感元件为光学元件，不存在铁心的影响，具有更快的响应速度和更宽的频带范围。其缺点是磁光玻璃的测量精度受温度与电磁干扰的影响较大。运行中现阶段的无源型电子式电流互感器在材料选择、设计安装工艺等方面有待改进。

通过对电网系统内已投运 5~10 年的 10~500kV 电压等级互感器设备连续三年的跟踪分析，归纳出无源型电子式电流互感器主要问题 3 大类，共 3 项。

按问题类型统计，其中激光光源选用不合理、施工工艺问题、振动引起保护误动问题各占 33.33%。无源型电子式电流互感器设备主要问题分析如表 1-6 所示，主要问题分类占比（按问题类型）如图 1-22 所示。

表 1-6　　　　　　　无源型电子式电流互感器设备主要问题分析

| 问题分类 | 数量 | 占比（%） | 问题描述 | 数量 |
|---|---|---|---|---|
| 激光光源选用不合理 | 1 | 33.33 | 激光光源选用不合理 | 1 |
| 施工工艺问题 | 1 | 33.33 | 施工工艺问题 | 1 |
| 振动引起保护误动 | 1 | 33.34 | 振动引起保护误动 | 1 |

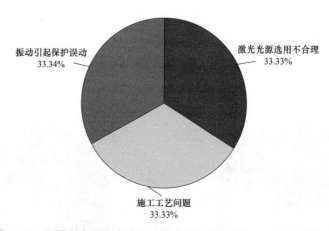

图 1-22　无源型电子式电流互感器主要问题分类占比（按问题类型）

按电压等级统计，220kV 设备问题 2 个，占 66.67%；110kV 设备问题 1 个，占 33.33%。主要问题分类占比（按电压等级）如图 1-23 所示。

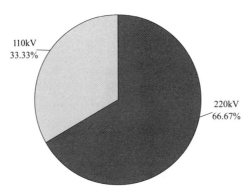

图 1-23　无源型电子式电流互感器主要问题分类占比（按电压等级）

## 1.4　电流互感器可靠性提升措施

### 1.4.1　油浸式电流互感器可靠性提升措施

#### 1.4.1.1　提升防腐防潮性能

（1）现状及需求。

在运的油浸电流互感器中，存在部分部件材质偏差、生产工艺不佳等问题，运行过程中容易发生锈蚀缺陷，影响设备安全稳定运行。

需要针对新安装的电流互感器，在产品制造阶段明确相关组部件的材质选择和工艺要求。

案例 1：110kV 某变电站油浸式电流互感器二次接线盒严重锈蚀对运行安全造成威胁，如图 1-24 所示。

图 1-24　110kV 某变电站电流互感器二次接线盒锈蚀

案例 2：220kV 某变电站 110kV 电流互感器由于运行中受雨水侵蚀，油箱外表已不同程度出现了锈蚀、起层现象，如图 1-25 所示。

案例 3：110kV 某变电站 2 号主变压器中性点电流互感器膨胀器严重锈蚀，对运行安全造成威胁，如图 1-26 所示。

图 1-25　110kV 电流互感器油箱锈蚀

图 1-26　110kV 某变电站 2 号主变压器中性点电流互感器膨胀器锈蚀

（2）具体措施。

1）油箱及二次接线盒材质应采用热镀锌钢板或铸铝合金。油箱的防腐涂层应满足腐蚀环境要求，其涂层厚度不应小于 120μm，附着力不应小于 5MPa。

2）所有端子及紧固件应采用防锈材料。

3）膨胀器外罩应使用不锈钢或铝合金材质。

4）一次接线板应采用铝合金材质。

### 1.4.1.2　保障主绝缘性能，防止油色谱异常

（1）现状及需求。

受电流互感器主绝缘材质质量、生产工艺控制、出厂交接验收等阶段管控不力影响，油浸电流互感器运行过程中，容易发生主绝缘内部放电、油色谱数据异常甚至爆炸等缺陷或故障，严重影响设备安全稳定运行。需要针对新安装的电流互感器，在产品制造阶段明确材质检测和关键工序工艺要求，并在驻厂监造以及交接验收阶段做好监督检查。

案例 1：2014 年 5 月 8 日，110kV 某变电站电流互感器 C 相上部金属膨胀器歪斜，设备下部存在大量油迹。根据设备解体分析，互感器头部绝缘纸包扎存在不同程度的工艺缺陷，层间绝缘松紧程度不一，抽真空后纸绝缘产生褶皱，容易在纸间滞留气泡，导致局部放电发生。绝缘层褶皱情况如图 1-27 所示。

图 1-27　绝缘层褶皱情况

案例 2：2014 年 5 月 16 日，220kV 某变电站电流互感器 C 相油中氢气含量严重超标，对电流互感器的一次绕组进行逐层的拆解检查，第 2 号主电容屏与第 3 号主电容屏之间的绝缘纸上发现绝缘油有黏稠感，经分析，判断为内部绝缘材料老化。见图 1-28。

(a) U 形一次绕组　　　　　　　　　　　　　(b) 绝缘纸上的绝缘油有黏稠感

图 1-28　U 形一次绕组及发现绝缘纸上的绝缘油有黏稠感

案例 3：2014 年 5 月 28 日，在对 220kV 某变电站 1 号主变压器 220kV 侧 10201 电流互感器开展化学例行试验时发现，A 相电流互感器总烃、氢气增长明显，均超过 150μL/L 的注意值。判定设备存在内部缺陷，本次取样及上两个周期的油色谱数据如表 1-7 所示。

表 1-7　　某变电站 1 号主变压器 220kV 侧 10201 电流互感器油色谱数据　　　　μL/L

| 试验日期 | $H_2$ | CO | $CO_2$ | $CH_4$ | $C_2H_6$ | $C_2H_4$ | $C_2H_2$ | 总烃 |
|---|---|---|---|---|---|---|---|---|
| 2009-5-25 | 52.82 | 245.00 | 362.37 | 1.95 | 0.68 | 0.32 | 0.00 | 2.95 |
| 2011-9-27 | 62.14 | 299.26 | 512.76 | 3.08 | 0.42 | 1.93 | 0.08 | 5.51 |
| 2014-5-28 | 13315.85 | 307.52 | 478.00 | 929.63 | 96.49 | 0.80 | 0.74 | 1027.66 |
| 2014-5-29 | 13031.62 | 340.38 | 466.98 | 972.71 | 104.57 | 0.93 | 0.80 | 1079.01 |

（2）具体措施。

1）生产厂家应提高产品一次主绝缘包绕的自动化水平，避免褶皱发生。

2）膨胀器和油箱（油箱内部热镀锌时）装配前需经去氢处理；油箱热镀锌内表面应涂环氧树脂漆并烘干。

3）器身应通过合适工艺（热风循环真空干燥、煤油气相干燥、变压法干燥），确保彻底干燥。

4）器身彻底干燥后应在恒温恒湿装配环境下进行整体装配，并在工艺要求时间内完成。

5）生产厂家应开展主绝缘材料（绝缘油、绝缘纸）的进厂检验和质量管控。

6）驻厂监造、入厂验收时都应对干燥、装配工艺记录及主要原材料检测记录进行检查。

7）针对中性点有效接地系统，出厂试验时在 $U_\mathrm{m}$ 和 $1.2/\sqrt{3}\,U_\mathrm{m}$ 电压下，局部放电量满足标准要求；针对中性点非有效接地系统，出厂试验时在 $1.2U_\mathrm{m}$ 和 $1.2/\sqrt{3}\,U_\mathrm{m}$ 电压下，局部放电量满足标准要求。

8）对于制造厂明确要求不取油样的电流互感器，确需取样或补油时应由制造厂配合进行。

9）按照状态检修试验规程要求，定期开展电流互感器油色谱分析（基准周期：油浸正立式不大于6年，油浸倒立式不大于3年）。

### 1.4.1.3 提升电流互感器密封性能

（1）现状及需求。

密封不良引起的渗漏油问题历来是油浸式电流互感器等充油设备占比最高的缺陷类型。受潮引起介质损耗升高，氢含量增加，影响电流互感器主绝缘性能。

提升密封性能要在产品制造阶段选用更优异的密封材料、严格执行密封工艺、改进密封设计，同时在出厂和安装阶段严格执行密封试验。

案例1：2012年5月30日，220kV某变电站103电流互感器C相渗漏油，在互感器端帽下法兰处形成油滴，同时在瓷套和地面上发现油迹。分析原因为放气堵密封垫损坏，运行中油膨胀后，在放气堵位置产生漏油。渗漏电流互感器如图1-29所示，渗漏膨胀器如图1-30所示。

案例2：2016年8月，110kV某变电站35kV电流互感器渗油。经分析，系由于设备运行年限长，设备老化，橡胶密封线圈存在泄漏，加之天气炎热，电流互感器内部油温升高，压力增大出现渗油。渗油电流互感器上部如图1-31所示。

图1-29 渗漏电流互感器

图 1-30　渗漏膨胀器

图 1-31　渗油电流互感器上部

案例 3：110kV 某变电站 113 电流互感器 B 相严重漏油，漏油速度每滴时间快于 5s，油位只轻微可见且严重低于电流互感器油表油位下限。分析漏油原因为密封固件内部松动或密封垫、圈失效。漏油电流互感器如图 1-32 所示。

案例 4：2013 年 3 月 6 日，某变电站 2243 断路器 A 相电流互感器上部渗油，油迹至电流互感器瓷套 1/2 处，油位低（将至下限）。分析认为，当膨胀器安装完成、螺钉紧固后，密封垫内沿可能存在翘起，致使油从翘起的缝隙经螺杆或密封面边缘流出。渗油电流互感器外观图如图 1-33 所示，渗油电流互感器油位图如图 1-34 所示。

案例 5：2016 年 7 月 27 日，某变电站现场巡检发现 500kV 50322 电流互感器 C 相渗油，约每 20s1 滴，C 相油位明显偏低，现场申请将缺陷电流互感器拉停。电流互感器 C 相渗油处及 C 相油位如图 1-35 所示。

图 1-32　漏油电流互感器

图 1-33　渗油电流互感器外观图

图 1-34　渗油电流互感器油位图

（a）电流互感器 C 相渗油处

（b）电流互感器 C 相油位

图 1-35　电流互感器 C 相渗油处及 C 相油位

　　案例 6：2017 年 1 月 21 日，220kV 某变电站 2 号主变压器 220kV 电流互感器 C 相二次接线盒内明显渗油，渗油速度约每分钟 10 滴左右，电流互感器 C 相油位较其他二相有降低。原因为密封件固定胶在使用时，涂抹不均匀，造成该处密封件压缩量不足，低温环境下密封件遇冷收缩，导致渗油，如图 1-36 所示。

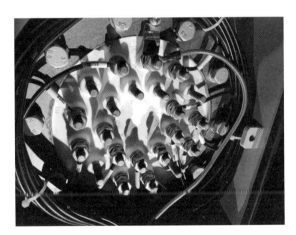

图 1-36　互感器二次接线盒内渗油

　　（2）具体措施。

　　1）生产厂家应开展密封圈和绝缘油、密封胶（若密封螺丝外部涂密封胶）相容性试验。产品中选用的密封圈、绝缘油、密封胶应与相容性试验中规格保持一致。

　　2）生产厂家每年应至少开展一次密封圈耐油、耐老化、永久压缩变形、脆性温度试验，每批次开展永久变形试验，合格后方可使用。

　　3）驻厂监造、入厂验收时应对油箱等外协件的气密性检测报告进行检查。

　　4）二次端子接线板应采用环氧树脂浇注工艺。

　　5）应选用带金属膨胀器微正压结构型式，在最低环境温度下不应出现负压。

　　6）二次接线盒防护等级不应低于 IP55。

### 1.4.1.4 优化组部件结构，提升运检工作效率

（1）现状及需求。

在运的电流互感器中，存在局部组部件位置或尺寸不合理、不方便运维检修等情况。

需要针对新安装的电流互感器，提前考虑实际运行环境，在产品制造及设计阶段明确相关组部件的生产及设计要求。

案例1：2012年8月6日，110kV某变电站110kV某线188断路器带负荷测相量发现故障录波B相电流存在异常，随后检查发现二次绕组内部接触不良是造成异常的原因，如图1-37所示。

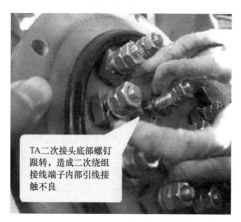

图1-37 二次绕组接线端子内部引线接触不良造成电流互感器二次绕组开路

案例2：油浸正立式电流互感器检修试验中，在对二次出线柱和末屏接线进行拆线时，由于二次出线柱无防松动措施，导致二次出线柱松动且较难进行紧固处理，易出现渗油和断线情况，如图1-38所示。

图1-38 二次出线柱无防松动措施

案例3：2016年6月22日，220kV某变电站220kV线路电流互感器C相渗油，打开膨

胀器上帽后未发现明显渗油点，下部法兰上层有明显锈蚀现象，且内部有少许油迹。法兰锈蚀情况如图 1-39 所示。

案例 4：运维人员巡视时，发现 110kV 某变电站内 110kV 电流互感器的油位存在冬天油位偏低，夏天油位偏高的现象，经分析发现此现象的原因为 110kV 电压等级的电流互感器油箱容量太小，如图 1-40 所示。

图 1-39　法兰锈蚀情况　　　　　图 1-40　110kV 某变电站 110kV 电流互感器油箱

案例 5：2016 年 4 月，220kV 某变电站 110kV 场地设备全停维护过程中发现 110kV 某线 139 电流互感器上部膨胀器内固定纸板未拆除，导致互感器油位显示为假油位，如图 1-41 所示。

（2）具体措施。

1）二次线应通过过渡端子排引出。

2）电流互感器末屏引出小套管应有防转动措施，以防内部引线扭断。

3）取样阀与二次接线盒不应在同侧布置，以便取油。

4）互感器膨胀器及外罩直径应大于下部法兰直径，保证连接法兰处不存水、不进水。

5）应根据环境的最高和最低温度核算电流互感器膨胀器的容量，并应留有一定裕度。膨胀器容量应根据地区温差做差异化配置，避免频繁补油、撤油。

图 1-41　220kV 某变电站 110kV 某电流互感器

6）应统一设备底座、一次接线板安装尺寸（孔径、孔距），以便于设备更换。

7）厂家发货时在观察窗内部粘贴提示标语，保证投运前膨胀器内固定纸板拆除。

### 1.4.1.5　提升电流互感器观察窗可视性

（1）现状及需求。

电流互感器观察窗目前多为有机玻璃材质，运行时间长后风化模糊问题突出，在运行过程中存在油标、视窗模糊现象，严重影响运维人员对电流互感器油位的判断。

提升观察窗可视性要在产品制造阶段对观察窗材质、尺寸进行明确。

案例1：220kV某变电站220kV油浸正立式电流互感器膨胀器观察窗设计不合理，观察口及指示范围过小，在极端温度情况下，油位指示仍然在正常状态，导致运行人员无法正确判断互感器油位，如图1-42所示。

案例2：220kV某变电站电流互感器套管油位看不清，不便于运维人员观察油位，如图1-43所示。

图1-42　220kV某站电流互感器观察窗过小　　　图1-43　220kV某变电站电流互感器套管油位看不清

案例3：220kV某变电站1号主变压器一次主间隔电流互感器油位观察窗看不清，如图1-44所示。

图1-44　电流互感器油位观察窗看不清

案例4：220kV某变电站某线261等多间隔电流互感器油位观察窗模糊，看不清油位，如图1-45所示。

图 1-45　电流互感器油位观察窗模糊不清

（2）具体措施。

1）观察窗采用高硼硅玻璃。

2）适当增大油位观察窗面积。

3）观察窗油位标识喷荧光漆。

4）保证观察窗可以观测到最低（MIN）、最高（MAX）油位。

### 1.4.1.6　提升电流互感器末屏接地可靠性

（1）现状及需求。

电流互感器末屏接地引线锈蚀、散股、断裂缺陷较多，严重时出现放电，严重影响电流互感器安全稳定运行。同时增加了运维工作量。

提升末屏接地可靠性要在设计阶段明确末屏接地线材质及截面要求，同时对二次绕组排列及与末屏引出端位置予以明确。

案例 1：2014 年 11 月 10 日，220kV 某变电站 220kV 电流互感器（B 相）末屏处有放电。经检查，末屏接地线采用的是多股编织铜线，因氧化腐蚀而断裂，造成电流互感器末屏电位悬浮对地放电。末屏接地线腐蚀状态如图 1-46 所示。

图 1-46　末屏接地线腐蚀状态

案例2：2016年9月23日，220kV某变电站电流互感器底座严重漏油。检修人员检查发现该电流互感器的末屏接地线断裂，对地放电，造成末屏套管密封部位损坏，引起漏油，如图1-47所示。

案例3：220kV某变电站某间隔110kV电流互感器末屏接地线锈蚀断裂，从而产生放电故障。电流互感器末屏接地线断裂如图1-48所示。

（2）具体措施。

1）二次接线盒外的末屏接地引出线采用铜排或铜管型式，不应使用多股软铜线。

2）安装时将互感器末屏引出线直接接地，减去端子排的中间转接环节；并将末屏引出线单独引出，与其他电流线区分。

图1-47　电流互感器末屏接地线断裂

图1-48　电流互感器末屏接地线断裂

#### 1.4.1.7　提升导体电接触可靠性，避免过热缺陷

（1）现状及需求。

受电流互感器导电回路工艺控制不佳和户外运行环境影响，电流互感器内外部连接处接触不良发热情况时有发生，内部发热严重时会发生互感器爆炸故障，外部发热也可能引起线夹烧断等严重问题，影响电流互感器安全稳定运行。

提升电流互感器导体电接触可靠性要在产品制造阶段明确相关组部件的生产和设计要求，同时在出厂和交接验收阶段做好监督检查。

案例 1：2016 年 11 月 17 日，巡视人员发现 220kV 某变电站 110kV 母联 16M 电流互感器（C 相）靠断路器侧接头发热，温度为 61℃，A 相 33℃、B 相 51℃，三相温度不对称度超过标准要求，如图 1-49 所示。

案例 2：某变电站 2211 电流互感器 A 相总烃、乙炔、氢气超过注意值。对该产品解体检查发现：在产品头部 C2 侧有螺帽松动，连接的螺帽、平垫、软连接、螺杆有烧损变黑现象。分析认为，产生故障的主要原因为一次接线松动。电流互感器解体图如图 1-50 所示。

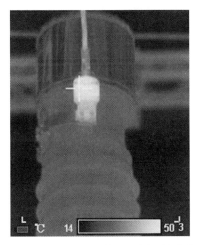
图 1-49　电流互感器靠断路器侧接头发热

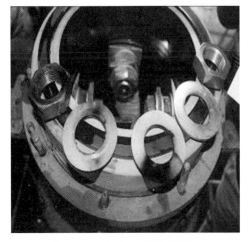
图 1-50　电流互感器解体图

案例 3：2016 年 4 月，220kV 某变电站测温发现 110kV137 断路器电流互感器内部发热，对电流互感器开盖后发现内部引出线与瓷套连接螺栓未紧固到位，导致互感器局部发热，如图 1-51 所示。

图 1-51　电流互感器引出线与瓷套连接螺栓未紧固到位

（2）具体措施。

1）互感器的一次端子有足够大的接触面，引线连接端应使用高强度螺栓，并为防止产生过热性故障，一次引线禁止采用铜铝对接过渡线夹。

2）生产厂家应提供一次回路电阻测试报告；交接时应做回路电阻试验，与出厂值及相间进行比较，相间差异不宜大于 10%。

### 1.4.1.8 优化部件设计

（1）现状及需求。

在运的电流互感器中，存在局部部件位置、材质、结构、油量等不合理的问题，导致了末屏引出线接地环节多余，二次接线端子盒锈蚀，油容量不满足多次检测需求，二次接线端子易转动等问题。

针对安装的电流互感器，需要提前考虑实际运行环境，在产品设计及制造阶段明确相关部件的设计及生产要求。

案例 1：2016 年 1 月 3 日，某变电站电流互感器 C 相有放电声音，电流互感器接线盒处有疑似冒烟的迹象，现场检查该电流互感器接线盒内末屏烧断且有放电痕迹，第二组电流线 2S2 几乎烧断，多根电流线有灼烧痕迹，末屏处未发现有绝缘油。电流互感器末屏烧损情况如图 1-52 所示，经端子排转接的末屏引出线如图 1-53 所示。

图 1-52　220kV 某站 2C 相电流互感器末屏烧损情况

图 1-53　经端子排转接的末屏引出线

案例 2：在油浸倒立式电流互感器检修试验中，在对二次出线柱和末屏接线进行拆线时，由于二次出线柱无防松动措施，导致二次出线柱松动且较难进行紧固处理，运行中出现放电等异常现象，如图 1-54 和图 1-55 所示。

图 1-54　电流互感器二次接线柱无防松动措施　　　图 1-55　某电流互感器二次线松动后放电

（2）具体措施。

1）将互感器末屏引出线直接接地，避免端子排的中间转接环节。

2）二次接线盒防护等级不应低于 IP55，且二次接线盒材质应为铸铝合金材料。

3）在招标技术规范中明确油浸倒立式电流互感器膨胀器容积要求，应满足投运后至少5 次（总量不小于 500mL，同时厂家需给出不造成负压情况下的最大取油量）取油样需求，并确保全工况下膨胀器内不存在负压问题。

4）根据环境的最高和最低温度核算电流互感器膨胀器的容量，并应留有一定裕度。膨胀器容量应根据地区温差做差异化配置。保证在最高环境温度与最低环境温度下油位正常。

5）二次线应经过渡端子排引出。

6）电流互感器末屏引出小套管应有防转动措施。

### 1.4.1.9　保证真空注补油工艺

（1）现状及需求。

油浸倒立式电流互感器出现膨胀器变形顶起上盖，严重时发生爆炸故障，原因为注油工艺不当，膨胀器中有残余空气，引起油中含气量超标，长期运行过程中发生局部放电，大量气体析出。

加强注油环节的管控，做好油浸倒立式电流互感器的检查和交接验收工作。

案例：2006 年 11 月 21 日，220kV 某变电站 220kV 电流互感器爆炸。原因为换油过程中未经过抽真空处理，导致绝缘下降，造成绝缘击穿。故障后的膨胀器和电流互感器见图 1-56。

（2）具体措施。

1）膨胀器顶部出厂时不允许存在空气。

2）厂内注油时应待膨胀器顶部冒油后对排气螺栓进行紧固检查。

3）出厂试验报告中应包括油中含气量检测数据（含气量不大于 1%）。

4）交接试验时应开展油中含气量检测。

5）现场补油时需采取真空注油方式。

(a) 膨胀器      (b) 电流互感器

图 1-56 故障后的膨胀器和电流互感器

### 1.4.1.10 提升运输的安全性

（1）现状及需求。

油浸倒立式电流互感器在运输过程中可能出现碰撞导致瓷套开裂，破坏绝缘和密封性能，给设备造成安全隐患。需要加强运输环节的管控，做好油浸倒立式电流互感器的交接验收工作。

（2）具体措施。

1）电流互感器应满足卧倒运输的要求。

2）运输时应注意防振，可垫放缓冲物体，并按制造厂规定匀速限速行驶。

3）运输时在产品上安装振动记录仪器，到达目的地后应在各方人员到齐情况下检查振动记录，若振动记录值超过允许值，则产品应返厂检查。

## 1.4.2 干式电流互感器可靠性提升措施

### 1.4.2.1 优化产品结构选型

（1）现状及需求。

绝缘水平下降问题历来是干式电流互感器设备故障占比最高的问题类型，也是设备发生损毁故障的主要原因。

保障干式电流互感器绝缘水平需要在产品制造阶段选用更优异的材料和工艺，同时在出厂和安装阶段严格执行绝缘试验，明确设备在运输搬运过程中的受力点，加强设备运行维护。

案例 1：110kV 某变电站 35kV 电流互感器二次绝缘击穿，电流互感器烧毁。原因为该地区早晚温差较大，互感器易出现密封胶垫老化、外壳开裂，从而造成互感器内部受潮，如图 1-57 所示。

图 1-57　110kV 某变电站 35kV 电流互感器二次绝缘击穿

案例 2：220kV 某变电站红外测温过程中发现 220kV 旁路 2710 电流互感器下瓷套温度异常。故障原因为一次绕组连接端子处存在开口，受昼夜温差变化影响，潮气在密封盖板上形成凝露水，凝露水进入下瓷套，导致电流互感器温度异常，如图 1-58 所示。

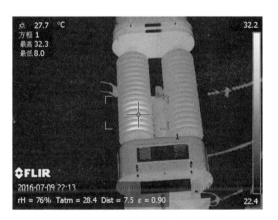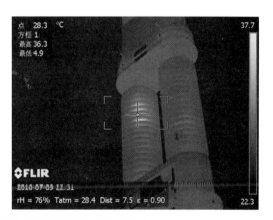

图 1-58　220kV 某变电站电流互感器下瓷套部位温度异常

案例 3：35kV 某变电站 35kV 电流互感器外壳均老化严重，出现龟裂现象，如图 1-59 所示。

案例 4：35kV 某变电站 35kV 户外干式电流互感器表面环氧树脂伞群有放电痕迹，部分龟裂，如图 1-60 所示。

案例 5：110kV 某变电站多台 35kV 电流互感器外表面出现裂纹，如图 1-61 所示，其中一台伴有细微放电声。

案例 6：110kV 某变电站 361 电流互感器发现外绝缘爬电痕迹，如图 1-62 所示。

案例 7：66kV 某变电站 1 号主变压器高压侧电流互感器底部放电，如图 1-63 所示。此电流互感器为环氧树脂浇注结构，故障原因为内部绝缘损坏。

图 1–59　35kV 某变电站户外
35kV 电流互感器外壳龟裂

图 1–60　35kV 某变电站户外干式电流互感器外
绝缘放电痕迹

图 1–61　110kV 某变电站多台 35kV 电流互感器外表面出现裂纹

图 1–62　110kV 某变电站电流互感器爬电情况

图 1–63　66kV 某变电站 1 号主变压器高压侧电流
互感器底部放电

　　案例 8：110kV 某变电站 35kV 电流互感器烧毁，如图 1–64 所示。试验结果为绝缘击穿。故障原因为环氧浇注干式电流互感器浇注时质量控制不严，存在气泡，使绝缘逐渐发生劣化，内部持续局部放电。

案例 9：35kV 某变电站 1 号变压器发生差动速断动作。检查发现 101 电流互感器硅橡胶套出现裂缝，内部环氧树脂与桩头热胀冷缩产生缝隙，造成雨水渗入桩头内部，如图 1-65 所示。

图 1-64　110kV 某变电站 35kV 电流
互感器烧毁

图 1-65　35kV 某变电站 1 号变压器 101 电流互感器硅橡胶套出现裂缝

案例 10：在排查中发现部分设备制造厂使用的环氧树脂材料不具备抗紫外线性能，导致户外使用的环氧树脂浇注干式电流互感器在紫外线照射下，其环氧树脂分子结构易被破坏，设备外绝缘粉化，绝缘性能降低，憎水性降低，严重影响设备安全运行。户外用环氧树脂浇注干式电流互感器新品和运行后外观对比如图 1-66 所示。

（a）干式电流互感器新品

（b）运行后的干式电流互感器

图 1-66　户外用环氧树脂浇注干式电流互感器新品和运行后外观对比

（2）具体措施。

1）明确干式电流互感器使用范围，对运行环境恶劣（常年潮湿、温差大）、重要的变电站建议不采用户外干式电流互感器。

2）66kV 及以上电压等级户外电流互感器不使用环氧树脂绝缘干式互感器。

3）将新入网的干式电流互感器送省、市一级电科院进行入网抽检，重点进行局部放电检测。

4）对套管与本体连接处进行加固。供应商应明确设备在运输搬运过程中的受力点。

5）改进结构设计及生产工艺，提高产品质量。防止产品在热胀冷缩的情况下产生裂纹。

6）对在运设备表面喷涂 PRTV 等材料，提高其抗紫外线和电腐蚀能力。

### 1.4.2.2 优化组部件结构设计

（1）现状及需求。

在运的干式电流互感器中，存在因组部件设计不合理造成运维检修不便甚至发生故障的情况。主要集中二次接线柱、门型盖板设计不合理方面。

从优化二次接线柱、二次端子盒及门型盖板设计方面着手，可有效提升运检工作效率，避免因组部件设计不合理造成的故障发生。

案例 1：部分 110kV 干式电流互感器，一次接线排处有门型盖板，若出现过热损坏等情况时，不利于故障查找及设备检修。干式电流互感器上部门型盖板如图 1-67 所示。

案例 2：35kV 某变电站出现保护告警信号，现场检查发现电流互感器接线处已出现明显的短接烧坏痕迹，如图 1-68 所示。

图 1-67　干式电流互感器上部门型盖板

图 1-68　35kV 某变电站电流互感器接线处短路

（2）具体措施。

1）制造厂家优化门型盖板的设计，便于检修。

2）二次引线应相互错开并加强绝缘。增加二次端子盒空间，加大二次端子之间的距离并且距离均等。极性方向应一致。

### 1.4.2.3 提升产品密封性能

（1）现状及需求。

户外安装的干式电流互感器由于工艺水平等原因，密封不良的情况时有发生，导致进水受潮或硅脂渗漏，轻则形成设备异常，重则演变成故障发生。需要在产品制造阶段，提升组部件密封结构，保证密封可靠。

案例：110kV 某变电站 402 干式电流互感器二次接线盒密封不良，进水受潮，如图 1-69 所示。

图 1-69　二次接线端子受潮

（2）具体措施。

1）优化二次接线盒密封结构，二次电缆应从接线盒底部引出。防护等级不低于 IP55。

2）合成薄膜包绕式干式电流互感器端部采用高密度环氧环与密封圈相配合的密封方式，环氧环与载流体之间再配以螺纹密封剂及螺纹锁固剂，环氧环、密封圈与载流体紧密配合，达到密封效果，防止在运行中硅脂渗漏。并在驻厂监造阶段做好监督检查。

#### 1.4.2.4 提高载流元件选型标准

（1）现状及需求。

干式电流互感器载流元件接触不良、接触体积过小造成接头发热的问题时有发生，出现接头发热危及设备安全稳定运行的，需要停电对连接部位进行处理后方可继续投运。

目前，干式电流互感器接头发热的情况主要出现在一次引线排处。针对上述情况，主要从改进一次引线排设计、优化工艺选择方面入手。

案例：某变电站 1521 线干式电流互感器发热。发热原因为互感器内部一次引线排下半部分与铝板搭接处不平整，实际有效接触面积较小。电流互感器红外测温与可见光图谱如图 1-70 所示，铝板不平整处如图 1-71 所示。

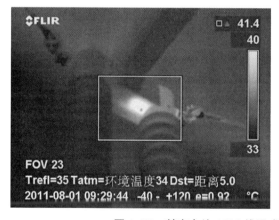

图 1-70 某变电站 1521 线干式电流互感器红外测温与可见光图谱

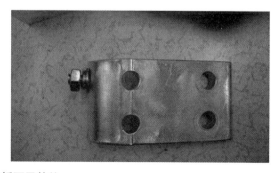

图 1-71 铝板不平整处

（2）具体措施。

1）优化一次接线排设计，提高接线排表面平面度，保证有效接触面积。

2）将设备线夹接触电阻测试列入例检工作范围，提前发现潜伏性设备线夹存在的问题，避免设备重复停电。

#### 1.4.2.5 提升工艺防止锈蚀

（1）现状及需求。

干式电流互感器的金属元件在运行中可能发生锈蚀等问题，尤其是接线板等载流元件一旦产生铜绿或者锈蚀，将影响其载流性能，危害设备安全稳定运行。

在产品制造阶段，应从材质选择和防锈工艺方面着手，防止接线板金属锈蚀的情况发生。

案例：35kV 某变电站电流互感器更换时，发现待安装电流互感器接线板有大量铜绿。原因为接线板在浇铸前未做搪锡等防锈处理，如图 1-72 所示。

图 1-72　35kV 某变电站电流互感器接线板锈蚀

（2）具体措施。

1）厂家应对接线板等载流元件处金属部件做镀银或镀锡处理。

2）在驻厂监造阶段做好监督检查。

### 1.4.3 气体绝缘电流互感器可靠性提升措施

#### 1.4.3.1 加强关键零部件质量管控

（1）现状及需求。

在运的气体绝缘电流互感器多次出现防爆膜开裂甚至无符合要求防爆膜的问题。内部支撑绝缘子等组件存在裂纹、气泡等缺陷，可能导致设备内部放电、绝缘击穿。二次接线盒选材不当，可能导致接线盒锈蚀。

从提高绝缘、防爆、防水、防腐能力出发，强化试验要求，对元件质量进行严格把关。

案例 1：500kV 某变电站某电流互感器放电击穿，检查发现屏蔽罩顶部支撑绝缘子内部存在裂纹、气泡等缺陷，绝缘性能逐渐下降，导致外壳对二次绕组屏蔽罩放电，绝缘子贯穿性击穿炸裂，如图 1-73 所示。

案例 2：220kV 某变电站电流互感器检修时发现防爆膜锈蚀并有裂纹，如图 1-74 所示。

图 1-73　顶部支撑绝缘子炸裂

图 1-74　防爆组件开裂

案例 3：受积雪结冰影响，$SF_6$ 电流互感器顶部防爆膜在雨雪天气下破裂，如图 1-75 所示。

案例 4：220kV 某变电站 $SF_6$ 电流互感器二次接线盒在投运 5 年后，普遍出现锈蚀问题，有些甚至锈穿，如图 1-76 所示。

图 1-75　防爆膜破裂

图 1-76　二次接线盒锈蚀严重

（2）具体措施。

1）$SF_6$ 电流互感器不应选用顶部安装支撑绝缘子的型号。

2）绝缘支柱外表面应有足够的爬电距离（如加伞裙等）。

3）$SF_6$ 气体绝缘的电流互感器如具有电容屏结构，其电容屏连接筒应要求采用强度足够的铸铝合金制造，以防止因材质偏软导致电容屏连接筒移位。

4）建议改进电容屏等电位连片的设计，解决其穿越路径较长、容易受力扭曲等问题。

5）应使用符合标准要求的防爆膜，提升防爆膜质量。

6）防爆膜应加装防雨罩。

7）提升二次接线盒防水、防锈性能，二次接线盒应采用不锈钢、铝合金等材料，二次接线盒防护等级应不低于 IP55。

8）二次端子接线板应采用环氧树脂浇注工艺，二次线应通过过渡端子排引出。

9）应加强外协元件的厂内检测，支撑绝缘子应逐台进行局部放电检测，要求在试验电压下单个绝缘件的局部放电量不大于 3pC。

10）驻厂监造、入厂验收时都应对支柱绝缘子、防爆膜等关键零部件检测记录进行检查。

### 1.4.3.2　提升设备密封设计和工艺

（1）现状及需求。

目前，气体绝缘电流互感器压力低的主要原因为设备密封不良。主要存在的问题：密封设计及密封圈质量问题、螺栓设计选型不当及紧固不到位、砂眼、焊缝开裂。另外，严寒地带 $SF_6$ 气体液化等，也会使气压降低。

提升设备密封设计和工艺，保障产品密封性能，其一是要通过提升密封圈、螺栓选型及设备安装工艺，最大可能减少渗漏点；其二是通过提升进厂检验和出厂试验要求，确保设备无渗漏缺陷出厂；其三是对严寒地区 $SF_6$ 电流互感器提出特殊要求。

案例 1：750kV 某变电站一 220kV 电流互感器压力低，判断为密度继电器二次航插处密封圈在安装过程中未压实或损伤，导致表计内部密封不严，微量气体渗漏，如图 1-77 所示。

案例 2：220kV 某变电站一电流互感器 B 相 P1 侧法兰盘破裂，C 相 P1 侧法兰盘有轻微裂纹。检查发现，法兰盘在安装时，螺栓紧固程度不同，由于受力不均导致破裂，如图 1-78 所示。

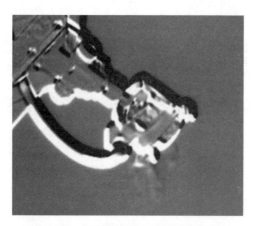
图 1-77　密度继电器二次航插处漏气

图 1-78　法兰盘破裂

案例 3：220kV 某变电站发 $SF_6$ 压力低报警信号，经检查发现互感器顶部防爆口浇铸法兰底部因制造工艺不良产生砂眼，导致漏气，如图 1-79 所示。

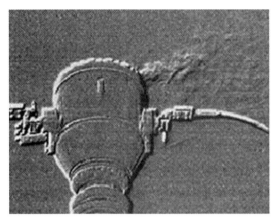 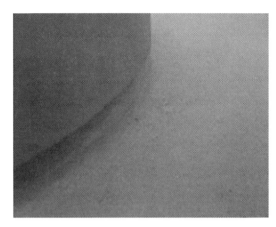

图 1-79　SF$_6$检漏漏气点及砂眼照片

案例 4：330kV 某变电站某电流互感器漏气点位于电流互感器顶端，如图 1-80 所示。

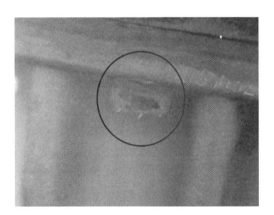 

图 1-80　红外检漏漏气点及漏气位置照片

（2）具体措施。

1）加强装配工艺要求及密封圈选型，密封圈材料、密封面光洁度等应满足生产工艺要求。

2）密封圈应涂密封胶（密封脂），外部及紧固螺栓应涂防水胶，如图 1-81 所示。

3）生产厂家应开展密封圈和密封胶相容性试验。产品中选用的密封圈、密封胶应与相容性试验中规格保持一致。

4）生产厂家每年应至少开展一次密封

图 1-81　密封圈应涂密封胶、防水胶

圈耐老化、永久压缩变形、脆性温度试验，每批次开展永久变形试验，合格后方可使用。

5）安装时应检查螺栓力矩，保证螺栓紧固程度一致。

6）所有壳体出厂前应进行水压试验和气密性试验。

7）安装于 –10℃以下环境的 $SF_6$ 电流互感器应提供低温密封试验报告。

### 1.4.3.3 提升密度继电器设计、制造与安装工艺

（1）现状及需求。

密度继电器在设计、制造与安装过程中的问题，可能会引起接头腐蚀、二次回路接地等，导致漏气、误发告警信号等。

需要提升密度继电器的防水能力、防腐能力与低温条件下的运行能力，在密度继电器安装时选择更加合理的方式。

案例 1：220kV 某变电站电流互感器例行检修中发现该组电流互感器三相密度继电器接头已严重腐蚀且明显分层，发现及时未发生漏气。结合停电，安排更换为耐蚀性能更好的铜质表计接头。锈蚀的表计接头如图 1-82 所示，铜质表计接头如图 1-83 所示。

图 1-82　锈蚀的表计接头

图 1-83　铜质表计接头

案例 2：220kV 某变电站 504 间隔电流互感器上 $SF_6$ 密度继电器无防雨罩，如图 1-84 所示。例行试验时发现接线盒内接线端子表面有铜绿，有明显积水痕迹。

图 1-84　$SF_6$ 密度继电器无防雨罩

案例 3：500kV 某气体绝缘电流互感器 $SF_6$ 压力表布置位置过高，且刻度小，如图 1-85 所示。对 $SF_6$ 压力表无法开展正常巡视记录。

案例 4：220kV 某变电站 220kV 气体绝缘电流互感器的密度继电器安装过高，不利于对

密度继电器巡视和检查，如图 1–86 所示。

图 1–85　$SF_6$ 压力表安装位置过高

图 1–86　$SF_6$ 密度继电器安装位置过高

（2）具体措施。

1）气体绝缘电流互感器密度继电器表计接头应选用防腐能力强的不锈钢、铜质材质。

2）户外安装的密度继电器应设置防雨罩，密度继电器防雨箱（罩）应能将表、控制电缆接线端子一起放入，防止指示表、控制电缆接线盒和充放气接口进水受潮。

3）密度表安装应倾斜一定角度，便于观察。

4）密度继电器应满足低温下精度的要求，防止误报警、误闭锁。

#### 1.4.3.4　统一充气接口标准

（1）现状及需求。

气体绝缘电流互感器投运后，出现了一些影响检修便利性的问题，如不同厂家充气接口不统一等。

需要在生产制造阶段统一充气接口规格。

案例：目前众多 35~500kV 气体绝缘电流互感器采用了不同的充气接口，导致绝缘气体充气时，检修人员准备多种充气接头和管道，大幅增加了检修成本和人力成本。充气接口规格如图 1–87 所示。

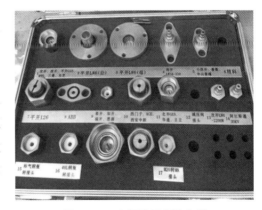

图 1–87　充气接口规格多样

（2）具体措施。

统一气体绝缘电流互感器的充气接口规格。

#### 1.4.3.5　提升设备运输安全

（1）现状及需求。

气体绝缘电流互感器在运输过程中容易受振动、冲击等造成设备损伤，因此提升设备运输安全性具有关键意义。

提升运输安全性，可以采用加装防振支撑装置等措施，也可以在运输车辆上安装冲撞记录仪、振动子等措施。

（2）具体措施。

1）产品在运输过程中必须有防振、减振装置（措施）并安装冲撞记录仪。运输车辆应控制车速、减少紧急制动、选择平整道路，避免由于运输颠簸而造成设备损害的情况，冲撞记录仪如图 1-88 所示。

图 1-88　冲撞记录仪

2）SF$_6$ 气体绝缘电流互感器运输时，110（66）kV 电流互感器每批次超过 10 台时，每车装 10g 振动子 2 个，低于 10 台时每车装 10g 振动子 1 个；220kV 电流互感器每台安装 10g 振动子 1 个。

3）SF$_6$ 气体绝缘电流互感器运输时所充气压应严格控制在允许值范围内（预充气压 0.1MPa<$P$<0.15MPa）。

### 1.4.4　电子式电流互感器可靠性提升措施

#### 1.4.4.1　优化电子式电流互感器设备选型

（1）现状及需求。

1）GIS 有源型电子式互感器。GIS 有源型电子式互感器实施的方式有两种：第一种类似于常规互感器，电子式互感器厂家只提供线圈（空芯线圈和低功率线圈）和采集器，互感器罐体由 GIS 厂家提供，线圈采集到的毫伏级小模拟信号由屏蔽电缆引出一定距离后至二次侧的采集器实现模数转换。此方案实施简单，但是作为电子式互感器整体各部分的罐体、线圈、采集器由不同厂家提供；且电子互感器与常规互感器不同，屏蔽电缆中传输的是毫伏级小模拟信号，抗干扰能力弱，且信号出罐体，信号衰减和抗电磁干扰的问题不容忽视。第二种是电子式互感器厂家对电子式互感器整体（包括罐体、采集器、采样线圈）进行统一设计、生产、制造、试验。罐体集成了采集器和采样线圈，采样获得的模拟小信号能够在很短的距离、较好的电磁环境下传输至采集器。两端通过变径法兰和绝缘子能方便地和不同的GIS 厂家配合。GIS 电子式互感器罐体和采集器分离方式如图 1–89 所示，GIS 电子式互感器罐体和采集器一体化方式如图 1–90 所示。

图 1–89　GIS 电子式互感器罐体和采集器分离方式
1—电子式电流互感器；2—电子式电压互感器；3—采集器

图 1–90　GIS 电子式互感器罐体和采集器一体化方式

2）AIS 有源型电子式互感器。AIS 有源型电子式互感器采集器目前有安装在一次侧或二次侧两种型式，如图 1–91 和图 1–92 所示。安装在一次侧需重点考虑可靠供能，安装在二次侧需重点考虑主绝缘结构设计。

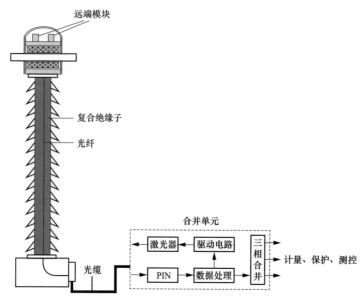

图 1-91　采集器一次侧安装的 AIS 电子式电流互感器

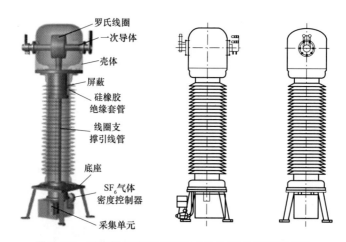

图 1-92　采集器二次侧安装的 AIS 电子式电流互感器

3）无源型电子式电流互感器。选用低双折射光纤作为传感光纤的无源型电子式电流互感器产品的性能指标易受温度、振动等环境因素的影响，此外产品的封装工艺也影响了其振动特性和高低温性能。传感光纤环的光路闭合示意图如图 1-93 所示。

光路不闭合的无源型电子式电流互感器准确度易受外磁场影响。

无源型电子式电流互感器与合并单元之间的通信接口协议不统一，无法实现不同厂家之间设备的兼容和互换。

由于无源型电子式电流互感器产品户外应用时的密封设计不合理，影响了无源型电子式电流互感器的产品可靠性。需进一步优化无源型电子式电流互感器的产品设计，提升产品的环境适应性、兼容性和可靠性。

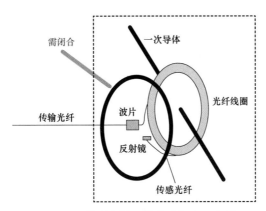

图 1-93　传感光纤环的光路闭合示意图

案例：有源型电子式电流互感器在 220kV 某智能变电站首次使用，使用后频繁发现故障，解体后发现采集器箱密封不严进水，故障电流互感器解体图如图 1-94 所示。

图 1-94　故障电流互感器解体图

（2）具体措施。

1）与 GIS 设备配套使用的电子式电流互感器，采集模块与 GIS 本体应采用一体化结构设计方式。

2）电子式电流互感器每个采集模块内应由两路独立的采样系统进行采集，应采用双 A/D 系统。

3）改善电流互感器采集器箱体的密封设计，加强密封、防止进水，防护等级不小于 IP65。

4）无源型电子式电流互感器传感光纤选用高双折射保圆光纤，如图 1-95 所示。

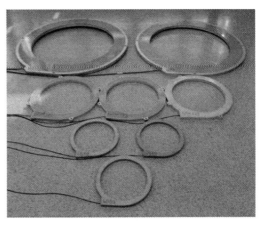

图 1-95　高双折射保圆光纤敏感环示意图

5）加强无源型电子式电流互感器封装工艺，减小振动、温度影响。

6）优化无源型电子式电流互感器光路设计，减小外磁场干扰对准确度的影响。光路优化设计示意图如图 1-96 所示。

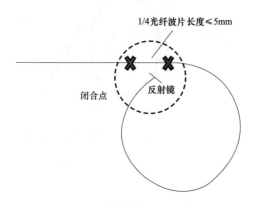

1/4光纤波片长度≤5mm

闭合点

反射镜

图 1-96　光路优化设计示意图

7）无源型电子式电流互感器合并单元与互感器之间的通信接口标准化。

### 1.4.4.2　提高设备出厂检测试验标准

（1）现状及需求。

电子式互感器通过型式试验、性能检测试验和长期带电考核试验定型后，在批量生产、供货阶段，无法确认供货产品的软硬件是否与检测时的软硬件一致。

现阶段发生过由于使用不合格的重要部件或者擅自更改软硬件，导致电子式互感器故障的情况，需要对产品生产的全过程加强管控。

（2）具体措施。

1）加强设备驻厂监造及出厂试验管理，要求生产厂家提供型式试验、性能检测、长期带电考核报告（或近年运行业绩）。

2）定型产品在器件选型更换或者设计变更时应在第三方检测机构重新开展相关性试验。

3）制定光纤绝缘子技术规范。制造厂家应提供光纤绝缘子全套型式试验报告，包括冷热循环和水煮试验，试验前后测量光纤损耗。

4）有源型电子式电流互感器的出厂资料中应包括光源、相位调制器、探测器、偏振器、保偏分束器、敏感光纤反射镜等重要元器件的测试报告。

### 1.4.4.3　提升现场安装工艺水平

（1）现状及需求。

目前尚无电子式互感器的现场安装调试、交接验收规范，其交接验收工作无标准可依。现场安装工艺要求较高，施工不规范会留下隐患，影响设备可靠运行。

（2）具体措施。

1）编制电子式电流互感器现场安装调试、交接验收规范。

2）现场安装过程中，对供能光纤头清洁度进行检测记录，检测不合格的需用专用清洁剂进行清洁后复测。光纤头污染／清洁图片如图 1-97 所示。

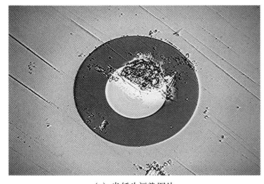
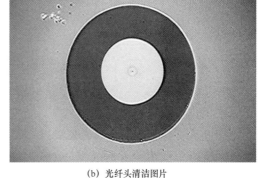

（a）光纤头污染图片　　　　　　　　　　　（b）光纤头清洁图片

图 1-97　光纤头污染／清洁图片

3）光缆施工及光纤的盘绕操作应满足弯曲半径等相应要求，避免光路损耗超标。光纤盘线弯曲半径如图 1-98 所示。

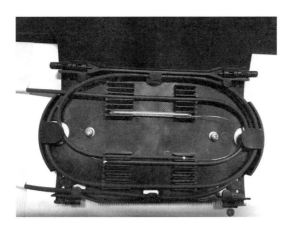

图 1-98　光纤盘线弯曲半径示意图

4）弱信号的同轴屏蔽线插头与屏蔽层应采用焊接工艺，不应仅压接。同轴电缆线和同轴头的连接如图 1-99 所示，同轴电缆屏蔽层与同轴头之间增加焊接后的同轴接头如图 1-100 所示。

图 1-99　同轴电缆线和同轴头的连接（同轴电缆屏蔽层与同轴头间仅压接）

图 1-100　同轴电缆屏蔽层与同轴头之间增加焊接后的同轴接头

5）对于激光供能的合并单元装置，应在土建施工完成后进行安装调试，做好防尘措施，避免灰尘的静电影响，如图 1-101 所示。

图 1-101　避免合并单元表面落灰

### 1.4.4.4　提升设备准确性及可靠性

（1）现状及需求。

电子式电流互感器准确度易受温度、外磁场影响。采集模块位于高压侧的互感器，供能可靠性要求高，目前主流供能方式是线路取能和激光供能互为备用。开展电子式互感器性能检测前的产品，在准确度和供能可靠性等方面容易出现问题。变电站投运初期负荷较小，线路取能启动电流设置过高，会导致激光供能长期工作，影响激光器寿命。一旦激光器损坏，线路取能又未启动，采集模块将不能正常工作。需要强化电子式互感器在抗外磁场干扰、温度和供能切换方面的性能，并研究完善相应的检测技术。

早期的无源型电子式电流互感器，由于电气单元与组合电器本体的一体化安装，对于温度、振动以及电磁干扰方面都比较敏感，很容易出现缺陷，但是随着材料的进步，以及性能检测方案的提出，大部分无源型电子式互感器解决了此类问题。需要进一步加强对无源型电子式电流互感器在温度、振动以及电磁兼容等方面的要求。

（2）具体措施。

1）采取合理措施（外磁场屏蔽、回路闭合、线匝均匀等）减小外磁场干扰对准确度的影响。

2）选用温度特性稳定的传感线圈，增强全温度范围内准确性。

3）厂家应降低线路取能装置的启动电流，同时保证两种供能方式平稳、无缝切换，提高供能可靠性。

4）与 GIS 设备配套使用的无源型电子式电流互感器，电气单元不宜与 GIS 本体一体化安装。

5）无源型电子式电流互感器电气单元宜布置在温湿度条件可控的环境中。电气单元布置示意图如图 1-102 所示，户外带温控汇控柜布置方式如图 1-103 所示。

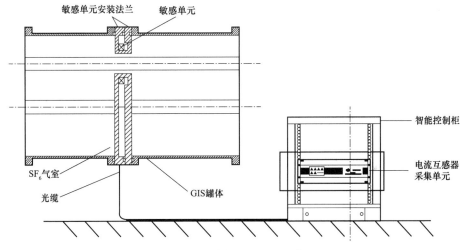

图 1-102　电气单元布置示意图

图 1-103　户外带温控汇控柜布置方式

# 1.5　电流互感器智能化提升关键技术

## 1.5.1　油浸式电流互感器

### 1.5.1.1　油过压报警阀

油中气体的产生及油体积膨胀会引起膨胀器升高，当膨胀器升高到最大位置而内部压力仍然继续增大时，将破坏膨胀器内部的紧固件，造成互感器喷油甚至爆炸。在没有故障能量释放的情况下，上述过程发展十分缓慢，可能会持续数月。可以研制一种对油浸式电流互感器内部油压监测及报警的装置，实现油压的在线监测。

油过压报警阀主要结构部件是一个压力告警微动开关，其动作值为（1.0±0.2）MPa 就会动作的压力告警微动开关。通过微动开关 DIN46244，一极接地，另一极绝缘，尺寸为 6.3mm×0.8mm，由硅橡胶盖保护，过压报警装置和安装位置图如图 1–104 所示。

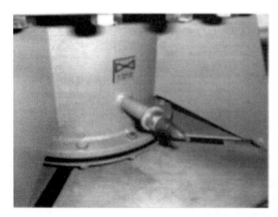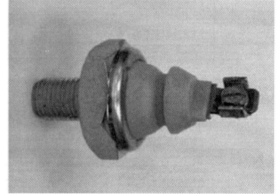

图 1–104　过压报警装置和安装位置图

不锈钢膨胀器和铝合金外罩至少能承受的压力为 3MPa，若油箱底部压力达到压力告警微动开关动作值时，微动开关动作发信，后台显示设备异常状态，在没有故障能量释放的情况下，运维人员有足够的时间来定位互感器故障并进行更换。压力告警微动开关可以简单地安装在油阀上，替代油阀上的螺栓，不需停电即可完成安装。

### 1.5.1.2　油压在线监测

油浸式电流互感器主要采用电容型油纸绝缘结构，油量相对较少，内部容积小且采用微正压全密封结构，当互感器发生绝缘故障时，内部压力将急剧增大，可能导致设备爆炸起火。另外，电流互感器内部发生故障，容易造成保护装置故障位置判断错误，引起保护跳闸范围扩大。

开展油浸式电流互感器油压在线监测研究，通过测量两两相间的压力差值，排除外部复杂因素对压力的影响，实现对电流互感器油压高灵敏度的在线监测，实时掌握油浸式电流互感器的运行状态。压力监测装置原理如图 1-105 所示。

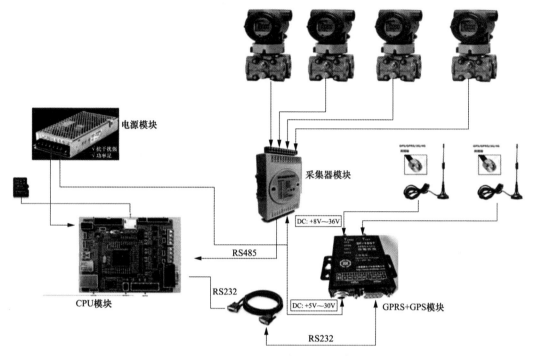

图 1-105　压力监测装置原理示意图

### 1.5.1.3　故障压力释放装置

互感器爆炸通常有两种产生机理，一种是内部过热等原因造成气体或油体积膨胀，使内部压强增大，当压强增大到一定程度就会引起外壳爆裂；另一种是内部绝缘击穿，瞬时产生强大的冲击波，该冲击波以击穿点为中心向四周传播，并从首先碰触到的外壳薄弱点冲破外壳引起爆炸。

目前，油浸式互感器压力释放方案是在顶端安装金属膨胀器，当互感器内部发生故障，产生的气体使得内部压力升高，引起金属膨胀器伸长，从而释放内部压力，并提示故障。但是膨胀器释放空间有限，释放速度较慢，故障状态下不能有效释放能量。

新型故障压力释放装置，可以快速释放故障能量，避免互感器爆炸事故发生。新型防爆互感器包括金属膨胀器、上储油柜、底座以及与上储油柜和底座浇装在一起的瓷套。上储油柜、瓷套和底座一起构成互感器外壳，互感器外壳内装有互感器芯子，金属膨胀器安装在上储油柜顶部，上储油柜侧面和底座下部分别连接有防爆片，其结构如图 1-106 所示。当内部发生击穿故障时，冲击波会使就近的防爆装置动作，从而快速释放压力，有效避免爆炸事故的发生。

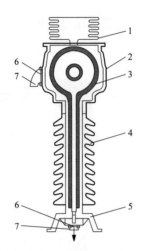

图 1-106　防爆互感器结构图

1—金属膨胀器；2—上储油柜；3—芯子；4—瓷套；5—底座；6—防爆片；7—导流管

#### 1.5.1.4　介质损耗及局部放电在线检测

电容型设备绝缘类缺陷是导致电容型设备退出运行的主要原因，对此开展的电容型设备带电测试工作已经成为设备维护、检测和故障诊断的主要方式。

开发新一代智能化电流互感器，实现介质损耗、高频局部放电检测传感器与互感器的一体化设计，将智能传感器与互感器集成，并配套提供综合测试仪，满足在线维护、检测及故障诊断需要，实现一次设备智能化。将介质损耗、局部放电测试装置进行单元模块化，并植入电流互感器本体，实现一次设备和检测技术的一体化，从而提高测试的及时性、便捷性和可靠性，实现不停电介质损耗、局部放电检测，满足互感器状态检测从停电试验向带电检测转变，达到提高状态检测及时性、提高供电可靠性、提升试验时效性的目的。

#### 1.5.1.5　油浸倒立式电流互感器二次绕组优化配置

倒立式电流互感器在选型时存在二次绕组数量多、二次容量偏高问题，导致互感器二次绕组结构相对较大、重量重，增加了主绝缘包扎难度，降低了绝缘性能和抗振性能，增加了制造成本。

需要开展倒立式电流互感器二次绕组优化配置的研究工作。合理确定二次绕组额定负荷、优化二次绕组数量和参数，可以减小二次绕组尺寸和重量，提高实际应用中的准确度和产品可靠性。

### 1.5.2　$SF_6$ 气体绝缘电流互感器

目前，针对 $SF_6$ 气体绝缘高压电气设备的在线监测和诊断项目主要有机械故障检测和气体分析检测，如果 $SF_6$ 气体中混有杂质，达不到规定标准，其绝缘特性就会大大下降，因此有必要对 $SF_6$ 气体的纯度进行实时监测。

传统的 $SF_6$ 气体纯度测量方法包括热导法、密度法、气相色谱法，其中气相色谱法测量精度比较高，但仪器价格昂贵，要求熟练的色谱仪操作人员进行取样分析，才能得到比较准确的数据，且对运行环境要求苛刻，因此不适合现场测量。

利用红外传感器实时测量 $SF_6$ 纯度的同时，利用电化学传感器原理对分解产物 $SO_2$ 进行在线监测，能够综合判断电流互感器的绝缘状况，并预测潜在的故障隐患。该绝缘在线监测智能化关键技术主要包括以下两点：

（1）可以实时监测气体绝缘电流互感器绝缘状态。典型监测系统结构如图 1-107 所示，一个现场监测单元可以同时与多个变送器单元通信，一台站方监测系统可以与多个现场监测单元通信，最后将所有的站方监测系统收集到的数据汇总并传至作为局部放电监测系统的远程维护中心，最终实现变电设备状态的综合评估。

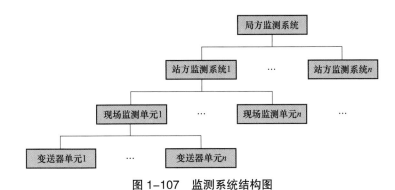

**图 1-107　监测系统结构图**

（2）可以实时监测 $SF_6$ 气体的纯度及分解产物，并且通过设计不锈钢、耐腐蚀的机械结构件与合适的加压泵，将检测完的气体回送到电流互感器中，从而减少 $SF_6$ 气体浪费。

典型测量装置气路部分结构如图 1-108 所示。进行气体监测时，首先打开 Z1、Z3、Z4，通过调节 Z5 使通入测量气室的被测气体压力维持在 0.1MPa 左右，然后关闭 Z4，进行 $SF_6$ 气体纯度、压力和温度的测量。当一次检测完成后，再打开 Z11，通过加压泵 Z12 把检测完的气体加压到设定值后，全部送入附加气室内，当压力变送器示数为 0 时，关闭 Z11。进入附加气室内的气体压力当达到压力调节阀 Z16 预设的压差后，调节阀的阀门会自动打开，被测气体流入电流互感器中，一旦附加气室内的压力小于 Z16 的设定值时会自动关闭，紧接着关闭 Z17。间隔设定的检测周期后，依次按照上述步骤进行循环检测。

由于传感器只能在常压下才能正常工作，因此在进气口处采用了精密稳压阀，通过稳压阀把高压样气进行减压后再送入气池，直到达到指定压力后自动关闭气路阀门。此装置不仅能够测量 $SF_6$ 纯度，也能对发生故障时大量分解的 $SO_2$ 进行在线监测，而且能避免取样检测过程所耗费的样气，减少环境污染。由于变送器单元安装时从 $SF_6$ 电流互感器补气口取气，设计中预留了与 $SF_6$ 电流互感器原补气口相同形式的自封式接口。

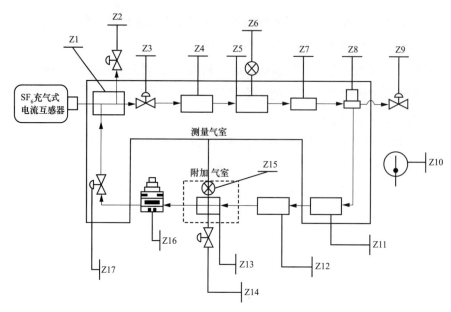

图 1-108　典型测量装置气路部分结构示意图

## 1.5.3　电子式电流互感器

### 1.5.3.1　重要变电站采集器冗余配置

有源电子式电流互感器的采集器是其重要部件，独立式电流互感器采集器安装在一次侧，GIS 用有源电子式电流互感器的采集器安装在互感器本体，采集器若损坏需要停电将电子式互感器本体退出运行。在重要的高电压等级变电站中，实现有源电子式电流互感器采集器冗余配置，作为备用，可提高供电可靠性。

无源电子式电流互感器的测量光路（包含敏感环和电气单元）是其重要部件，测量光路若损坏需要停电将电子式互感器本体退出运行。在重要的高电压等级变电站中，实现测量光路冗余配置，作为备用，可提高供电可靠性。测量光路冗余配置如图 1-109 所示。

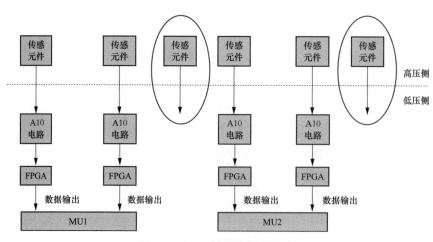

图 1-109　测量光路冗余配置

### 1.5.3.2　状态自诊断及远程诊断技术

电子式互感器自身运行状态监测的输出对象主要分为两大类：一类是电子式互感器的电流电压 SV 采样数据监测，另一类是电子式互感器通过 GOOSE 发送的自检告警信号监测。通过合并单元发出的采集器异常、电源异常、同步异常等 GOOSE 告警信号，同时结合 SV 数据状态，可判断电子式互感器 GOOSE 信号以及 SV 数据的正确性和可用性，也可通过长期监测的数据评估电子式互感器运行状态的发展情况。

电子式互感器的自诊断所输出的告警信号能够真实反映模块状态，根据其自身特点和光纤传输的优点，在关键部位内置如温度采集等功能传感器，实现关键状态监测，并且结合本身已有的自身状态检测量，通过多参量综合考虑，开展设备状态评价及自诊断工作，并可将站内多台电子式互感器的诊断信息接入诊断平台，配合厂家提供的自诊断告警检修策略或者通过远程指导，可在设备状态告警时按照异常性质及时应对，制订检修策略。

由于电子式互感器的特点，可较方便地实现数据传输以及状态自检，数据可通过已有的数据传输光纤传输，在不影响设备运行稳定性的情况下实现状态监测，已实现了部分模块故障快速自诊断报警。

电子式互感器也包含了部分状态评价和自诊断的功能，所以在电子式互感器状态评价及自诊断技术的实现和数据传输途径方面已相对成熟。

电子式互感器的状态评价和自诊断技术，需要在电子式互感器已有功能的基础上进行深入研究和完善，需要确定所监测的关键部件的关键状态量以及确定关键状态量对性能的影响。其主要难点在于：

（1）在确定电子式互感器的关键状态时，必须同时考虑获取该关键状态的可行性，即获取该关键状态时不能影响电子式互感器的正常运行功能，同时不能为了获取状态而对互感器的光路或电路进行大幅改动，从而增加系统的复杂度，降低其可靠性，大幅增加其成本。

（2）根据各关键状态量对互感器性能的影响，实现电子式互感器健康状况智能自诊断，进而实现故障提前预警功能。

### 1.5.3.3　一体化检测试验技术

现阶段，对于电子式互感器的检测，分为电子式互感器性能检测和合并单元性能检测两部分。在电子式互感器性能检测试验时，虽然也会检测合并单元的输出，但是其侧重点还是电子式互感器一次侧部分的性能；而合并单元性能检测试验，仅仅是对合并单元进行检测，没有考虑到电子式互感器一次侧部分的影响。现阶段的检测方法，将合并单元和电子式互感器割裂开来进行检测，没有将其作为一个整体来考核。

需要对电子式互感器与合并单元的测试项目和方法进行综合分析，提出能够对整体性能开展一体化检测的方法。

### 1.5.3.4　电子式电流互感器与一次设备的融合

电子式电流互感器采用光纤传输，而且采集单元小，易安装，可安装在其他一次设备需要监测电流的位置。如安装在变压器套管侧时，可将电流互感器传感部分安装在套管底部测量套管电流，仅需安装在底部升高座外部，不影响套管绝缘，如图 1-110 所示。

图 1-110　变压器套管侧安装实例

### 1.5.3.5　新型供能方式探索

有源电子式电流互感器的供能模式，一般都是激光供能和在线取能两种方式共同作用的，当一次线路中电流达到在线取能下限值和上限值之间时，采取在线取能模式；其他情况下采取激光供能模式。在这种供能模式下，激光源的寿命、模式切换可靠性、供能回路光纤施工质量等都会影响供能回路的稳定性。

需要对太阳能和微波等供能方式进行探索，提高供能回路的稳定性。

有源电子式电流互感器一次侧驱动能量为毫瓦级，太阳能供电和微波供电都能满足要求，且太阳能供电技术成熟，微波供能正在研究中，在逐渐成熟。其难点在于需解决新的供能回路对产品电场分布的影响，且提高供能回路的抗电磁干扰性能。

### 1.5.3.6　满足继电保护双 A/D 要求的独立双采样技术

目前，无源型电子式电流互感器暂不能满足双 A/D 要求，需要冗余配置，增加了成本，目前的双 A/D 及双重化配置方式如图 1-111 所示。

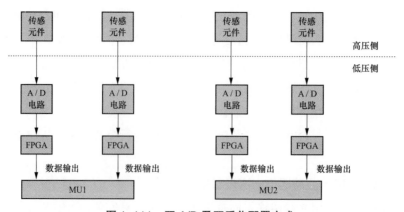

图 1-111　双 A/D 及双重化配置方式

开展独立的双采样回路技术研究，在增加成本的情况下，满足继电保护要求，提升设备运行可靠性。采用双采样回路后双 A/D 及双重化的配置方式如图 1-112 所示。

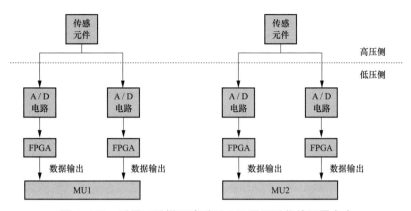

图 1-112　采用双采样回路后双 A/D 及双重化的配置方式

### 1.5.3.7　基于宽频带特性的应用技术

无源型电子式电流互感器是基于法拉第磁光效应的光学传感器，具有动态范围大、测量频带宽、暂态特性好的特点，可用于行波测距、电能品质监测等宽频带测量领域。

无源型电子式电流互感器频率响应特性和暂态特性优于常规互感器。无源型电子式电流互感器采样数据以数字通信方式输出，通过光纤传输，避免了常规互感器模拟量电缆传输方式引起的暂态波形畸变。基于无源型电子式电流互感器的行波测距系统试验测距误差优于 ±300m。在无源型电子式电流互感器上采用宽频带应用技术，可以同时实现保护、测量、谐波测量、行波测距功能，无源互感器宽频带应用如图 1-113 所示。

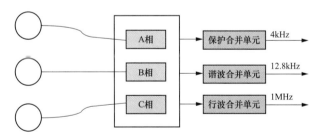

图 1-113　无源互感器宽频带应用示意图

# 1.6　电流互感器型式对比及选型建议

不同型式的电流互感器在其设备性能、制造成本、使用环境等各方面存在较大的差异，通过对油浸正立式、油浸倒立式、气体绝缘式、干式、无源型电子式、有源型电子式六类型式的电流互感器在性能、安全性、可靠性、便利性、一次性建设成本、后期成本等方面的对比，分析其优缺点，用以指导电流互感器选型。

### 1.6.1 性能对比

不同型式电流互感器性能对比如表 1-8 所示。

表 1-8 不同型式电流互感器性能对比

| 型式 / 性能 | 油浸正立式电流互感器 | 油浸倒立式电流互感器 | 干式电流互感器 | 气体绝缘电流互感器 | 无源型电子式电流互感器 | 有源型电子式电流互感器 |
|---|---|---|---|---|---|---|
| 使用电压等级（kV） | 35~330 | 35~500 | 6~220 | 35~500 | 不受限 | 不受限 |
| 额定电流 | 较小 | 较大 | 较小 | 较大 | 不受限 | 不受限 |
| 承受短路电流能力 | 较差 | 优于油浸正立式 | 较差 | 优于油浸正立式 | 与油浸倒立式相当 | 与油浸倒立式相当 |
| 绝缘性能与结构 | 绝缘性能好；高电压等级绝缘结构复杂 | 绝缘性能好；但工艺较油浸正立式复杂 | 110（66）kV 及以下与油、气绝缘相当 | 绝缘性能好；且绝缘结构简单 | 绝缘性能好；且绝缘结构简单 | 绝缘性能好；且绝缘结构简单 |
| 二次绕组容量和数量 | 绕组容量大，数量多 | 绕组容量小，数量少 | 与油浸正立式相当 | 与油浸倒立式相当 | 无限制 | 无限制 |
| 温差影响 | 温差对精度无影响 | 温差对精度无影响 | 温差对精度无影响 | 温差对精度无影响 | 温差对精度有影响 | 温差对精度有影响 |
| 频率特性 | 窄 | 窄 | 窄 | 窄 | 宽 | 宽 |
| 暂态性能 | 铁心需特殊设计才能满足暂态性能 | 与油浸正立式相当 | 与油浸正立式相当 | 与油浸正立式相当 | 优于油浸正立式 | 优于油浸正立式 |
| 抗振性能 | 高于油浸倒立式 | 高于干式 | 最差 | 与油浸倒立式相当 | 最好 | 最好 |
| 抗电磁干扰 | 较好 | 较好 | 较好 | 较好 | 抗干扰能力差 | 抗干扰能力差 |

### 1.6.2 安全性对比

不同型式电流互感器安全性对比如表 1-9 所示。

表 1-9 不同型式电流互感器安全性对比

| 型式 / 安全性 | 油浸正立式电流互感器 | 油浸倒立式电流互感器 | 干式电流互感器 | 气体绝缘电流互感器 | 无源型电子式电流互感器 | 有源型电子式电流互感器 |
|---|---|---|---|---|---|---|
| 人身伤害风险 | 高压触电、火灾灼伤等 | 与油浸正立式相当 | 与油浸正立式相当 | 与油浸正立式相当 | 风险小 | 风险小 |
| 设备爆炸风险 | 爆炸风险大 | 爆炸风险大 | 爆炸风险小 | 爆炸风险小 | 无爆炸风险 | 无爆炸风险 |

续表

| 安全性＼型式 | 油浸正立式电流互感器 | 油浸倒立式电流互感器 | 干式电流互感器 | 气体绝缘电流互感器 | 无源型电子式电流互感器 | 有源型电子式电流互感器 |
|---|---|---|---|---|---|---|
| 电网风险 | 爆炸危及其他设备，风险大 | 爆炸危及其他设备，风险大 | 较气体绝缘式风险小 | 较油浸式风险小 | 风险最小 | 风险最小 |

## 1.6.3　可靠性对比

不同型式电流互感器可靠性对比如表 1–10 所示。

表 1–10　　　　　　　　　不同型式电流互感器可靠性对比

| 可靠性＼型式 | 油浸正立式电流互感器 | 油浸倒立式电流互感器 | 干式电流互感器 | 气体绝缘电流互感器 | 无源型电子式电流互感器 | 有源型电子式电流互感器 |
|---|---|---|---|---|---|---|
| 故障概率 | 高 | 低于油浸正立式 | 最高 | 较低 | 较低 | 较低 |
| 平均检修周期 | 相当 | 相当 | 相当 | 相当 | 相当 | 相当 |
| 故障检修时间 | 长（需按照电压等级进行静置） | 与油浸正立式电流互感器相当 | 短 | 较油浸式短 | 短 | 短 |
| 组装工艺和质量控制 | 最复杂（包绕、干燥、注油、静置） | 与油浸正立式电流互感器相当 | 组装较油浸式容易，质量控制较难 | 组装较油浸式容易 | 容易 | 容易 |
| 主要问题及缺陷 | 密封不良、受潮、渗漏油、低温负压等 | 密封不良、受潮、渗漏油、低温负压等 | 绝缘性能下降、受潮、承受短路电流炸裂等 | 漏气、微水超标等 | 强电磁干扰下易损坏，振动引起保护误动等 | 强电磁干扰下易损坏，振动引起保护误动等 |

## 1.6.4　便利性对比

不同型式电流互感器便利性对比如表 1–11 所示。

表 1–11　　　　　　　　　不同型式电流互感器便利性对比

| 便利性 | 类型 | 油浸正立式电流互感器 | 油浸倒立式电流互感器 | 干式电流互感器 | 气体绝缘电流互感器 | 无源型电子式电流互感器 | 有源型电子式电流互感器 |
|---|---|---|---|---|---|---|---|
| 安装便利性 | 工期 | 长（需按照电压等级进行静置） | 与油浸正立式电流互感器相当 | 短 | 较油浸式短 | 短 | 短 |

续表

| 便利性 | 类型 | 油浸正立式电流互感器 | 油浸倒立式电流互感器 | 干式电流互感器 | 气体绝缘电流互感器 | 无源型电子式电流互感器 | 有源型电子式电流互感器 |
|---|---|---|---|---|---|---|---|
| 安装便利性 | 工艺复杂程度 | 工艺相对简单 | 与油浸正立式相当 | 与油浸正立式相当 | 高电压等级需要现场注气 | 不需充气，但需要现场光纤熔接 | 不需充气，但需要现场光纤熔接 |
| 运维便利性 | 日常运维工作量 | 相同（日常需要对油位进行巡视、开展红外测温等） | 相同（日常需要对油位进行巡视、开展红外测温等） | 稍少（日常需要进行红外测温） | 相同（日常需要对气压进行巡视、开展红外测温等） | 稍少（日常需要进行红外测温） | 稍少（日常需要进行红外测温） |
| 检修便利性 | 检修周期 | 基准周期3年 | 基准周期3年 | 基准周期3年 | 基准周期3年 | 基准周期3年 | 基准周期3年 |
| | 检修项目 | 介质损耗、电容量、绝缘电阻、油色谱 | 介质损耗、电容量、绝缘电阻 | 介质损耗、电容量、绝缘电阻 | 绝缘电阻、微水 | — | — |

## 1.6.5 一次性建设成本

不同型式电流互感器一次性建设成本对比如表 1-12 所示。

表 1-12　　　　　　　　不同型式电流互感器一次性建设成本对比

| 建设成本 \ 设备 | 油浸正立式电流互感器 | 油浸倒立式电流互感器 | 干式电流互感器 | 气体绝缘电流互感器 | 无源型电子式电流互感器 | 有源型电子式电流互感器 |
|---|---|---|---|---|---|---|
| 占地面积 | 相同 | 相同 | 相同 | 相同 | 相同 | 相同 |
| 安装成本 | 相同 | 相同 | 相同 | 相同 | 相同 | 相同 |
| 调试成本 | 相同 | 相同 | 相同 | 相同 | 高于前四种 | 高于前四种 |

## 1.6.6 后期成本

不同型式电流互感器后期成本对比如表 1-13 所示。

表 1-13　　　　　　　　不同型式电流互感器后期成本对比

| 后期成本 \ 设备 | 油浸正立式电流互感器 | 油浸倒立式电流互感器 | 干式电流互感器 | 气体绝缘电流互感器 | 无源型电子式电流互感器 | 有源型电子式电流互感器 |
|---|---|---|---|---|---|---|
| 运维工作量及成本 | 油位巡视、开展红外测温 | 油位巡视、开展红外测温 | 红外测温 | 气压检查、开展红外测温 | 红外测温 | 红外测温 |

| 设备<br>后期成本 | 油浸正立式电流互感器 | 油浸倒立式电流互感器 | 干式电流互感器 | 气体绝缘电流互感器 | 无源型电子式电流互感器 | 有源型电子式电流互感器 |
|---|---|---|---|---|---|---|
| 例行检修工作量及成本 | 例行试验需开展介质损耗、电容量、油色谱、绝缘电阻等测试，基本周期为 3 年，每组 2 人·h | 例行试验需开展介质损耗、电容量、绝缘电阻等测试，基本周期为 3 年，每组 2 人·h | 例行试验需开展介质损耗、电容量、绝缘电阻等测试，基本周期为 3 年，每组 2 人·h | 例行试验需开展绝缘电阻等测试，基本周期为 3 年，每组 1 人·h | 例行试验开展绝缘电阻测试，检修工作量小，每组 0.5 人·h | 例行试验开展绝缘电阻测试，检修工作量小，每组 0.5 人·h |
| 更换工作量及成本 | 更换工作量相同，成本相当 | 更换工作量相同，成本相当 | 更换工作量相同，成本相当 | 更换工作量相同，成本相当 | 成本较高，每 10 年左右宜对采集终端进行更换 | 成本较高，每 10 年左右宜对采集终端进行更换 |

## 1.6.7　优缺点总结及选型建议

### 1.6.7.1　油浸正立式电流互感器

优点：设计成熟，制造经验较为丰富；抗地震性能好；二次绕组数量扩充性好；价格较低。

缺点：用油量大，报废物资油处理环保要求高；爆炸后破坏性大；动稳定性稍差；不宜用于大电流。

选型建议：适用于 220kV 及以下、额定电流 2000A 及以下的设备。

### 1.6.7.2　油浸倒立式电流互感器

优点：用油量较少；承受短路电流能力强；适用于大电流。

缺点：绝缘包扎工艺复杂；爆炸后破坏性大；抗震能力弱；设备重心高，运输过程对冲撞等要求高。

选型建议：适用于 110（66）~500kV、额定电流 300A 及以上的设备。

### 1.6.7.3　干式电流互感器

优点：重量轻；维护少；无油无气，对环境污染小；抗地震能力强。

缺点：环氧树脂外绝缘电流互感器在运行中容易产生开裂、爬电；高电压等级产品易出现滑屏；二次绕组易受潮。

选型建议：环氧树脂浇注型适用于户内 35kV 及以下电压等级；聚酯薄膜型适用于 110（66）kV 电压等级。

### 1.6.7.4　气体绝缘电流互感器

优点：承受短路电流能力强；适用于大电流；维护量小；防火防爆性能好。

缺点：有气体泄漏风险，对环境产生污染；抗地震能力差；设备重心高，运输过程对冲撞等要求高；极低温地区存在气体液化风险。

选型建议：适用于 110kV 及以上、额定电流 300A 及以上的设备。建议研究新型环保气体代替 SF₆ 作为绝缘介质。

#### 1.6.7.5 无源型电子式电流互感器

优点：电子式电流互感器无铁心结构，不存在磁饱和；频带范围宽；绝缘结构简单；抗地震性能好；体积小，重量轻，易与一次设备集成；运维检修例行项目少。

缺点：偏振晶体的稳定性不高；存在电磁兼容问题，准确度及稳定性受温度、振动等因素影响；成本最高。

选型建议：适用于各电压等级 GIS 内部集成。建议加强技术攻关和性能检测，提高可靠性、降低成本，进一步深化应用。

#### 1.6.7.6 有源型电子式电流互感器

优点：电子式电流互感器无铁心结构，不存在磁饱和；频带范围宽；绝缘结构简单；抗地震性能好；体积小，重量轻，易与一次设备集成；运维检修例行项目少；成本较无源型电子式电流互感器低。

缺点：存在外供电源稳定性问题；对于激光供能的有源型电子式电流互感器，对光纤损耗及光纤头清洁度要求较高；存在电磁兼容问题，准确度及稳定性受温度、振动等影响；成本较油浸式互感器高。

选型建议：适用于各电压等级 GIS 内部集成。建议加强技术攻关和性能检测，提高可靠性、降低成本，进一步深化应用。

# 第2章 电压互感器智能化提升关键技术

## 2.1 电压互感器基本原理

电压互感器是一种专门用来进行电压变换的特殊变压器，在正常情况下，其二次侧电压与一次侧电压成正比。互感器按照其电压变换原理可分为电磁式电压互感器、电容式电压互感器和电子式电压互感器。

### 2.1.1 电容式电压互感器基本原理

电容式电压互感器一般由电容分压器和电磁单元组成，电磁单元二次侧电压正比于一次侧被测量电压，在联结方法正确时其相位差接近于零。电容式电压互感器在变电站中应用广泛。其工作原理如图 2-1 所示，电容式电压互感器基于电容器（C1、C2）串联分压原理将一次母线高电压进行分压，通过中间电磁单元电磁感应原理进行隔离和变换电压，实现一次侧电压转换为电力系统规范的二次侧电压。

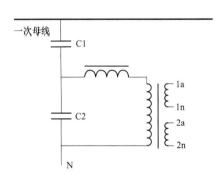

图 2-1 电容式电压互感器基本原理图

### 2.1.2 电磁式电压互感器基本原理

电磁式电压互感器是一种通过电磁感应将一次电压按比例变换为二次电压的互感器，在联结方法正确时其相位差接近于零，这种电压互感器不含其他改变一次电压的电气元件（如电容器）。电磁式电压互感器是基于电磁感应原理完成电压转换，利用铁心磁导率远大于空气，选用优质硅钢片时，几乎可忽略漏磁通影响，其工作原理图如图 2-2 所示，根据电磁感应定律和基尔霍夫第二定律，主磁通在一次侧绕组（匝数 $N_1$）和二次侧绕组（匝数 $N_2$）中感应电动势大小相等，可推导得 $U_1N_2=U_2N_1$。一次侧与二次侧电压比和一次侧与二次侧匝数比相等。通过调整互感器线圈匝数比，可得到标准的二次电压，我国国家标准规定的二次侧额定电压一般为 $100/\sqrt{3}$ V 或 100/3V 或 100V。

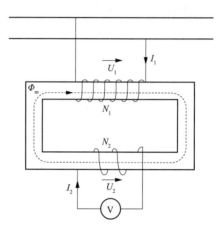

图 2-2  电磁式电压互感器基本原理图

### 2.1.3  电子式电压互感器基本原理

电子式电压互感器是由连接到传输系统和二次转换器的一个或多个电压传感器组成，其二次转换器的输出电压实质上正比于一次电压，在联结方法正确时其相位差接近于已知相位角。根据电子式电压互感器是否需要一次电源，可分为有源型电子式电压互感器和无源型电子式电压互感器。

#### 2.1.3.1  有源型电子式电压互感器

有源型电子式电压互感器一般是通过分压器将一次侧高电压转换为低电压，经采样及处理单元转化为光信号，光信号经传输光纤接入合并单元，供计量、保护及测量使用。分压器一般有电容型、电阻型及阻容型，其中电容型电子式电压互感器在电力系统应用较多，其工作原理图如图 2-3 所示。

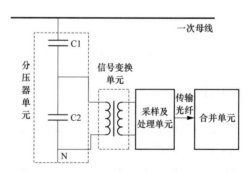

图 2-3  有源型电子式电压互感器基本原理图

### 2.1.3.2　无源型电子式电压互感器

无源型电子式电压互感器的传感原理一般是基于普克尔斯效应（Pockels），偏振光通过具有普克尔斯效应的晶体时，偏振角度会随晶体折射率发生变化，晶体折射率与外加电场大小有关，通过偏振光偏振角度与被测电压之间的对应关系即可计算得电压值，基于该原理的电子式电压互感器也称光学电子式电压互感器，其工作原理图如图 2-4 所示。

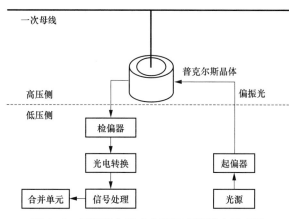

图 2-4　无源型电子式电压互感器基本原理图

# 2.2　电压互感器结构型式

电压互感器按照其绝缘介质分类，可分为干式、油浸式、$SF_6$ 气体绝缘式电压互感器，按照其电压变换原理可分为电容式、电磁式、电子式电压互感器。

## 2.2.1　电容式电压互感器

电容式电压互感器（CVT）主要由电容分压器和电磁单元两部分组成，电容分压器由单节或多节耦合电容器构成，电磁单元包括中间变压器、补偿电抗器、阻尼器等，电容式电压互感器如图 2-5 所示。

电容式电压互感器通过电容分压器将额定一次电压分压成较低的中间电压，引入电磁单元内部，通过电磁单元内部的中间变压器降为 $100/\sqrt{3}$ V 和 100V 的二次电压。电磁单元内部为了补偿由于负载效应引起的电容分压器的容抗压降，使二次电压随负载变化减小，在中压回路中串接有补偿电抗器。为抑制 CVT 内部铁磁谐振，在中间变压器二次侧的一个绕组上接有阻尼器。

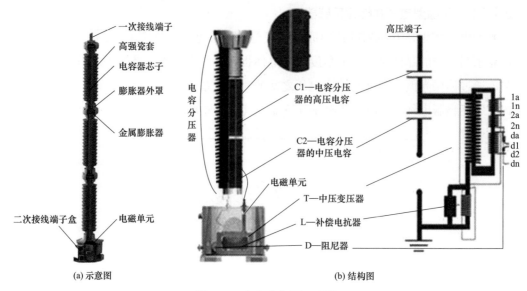

一次接线端子
高强瓷套
电容器芯子
膨胀器外罩
金属膨胀器
二次接线端子盒
电磁单元

电容分压器

高压端子
C1—电容分压器的高压电容
C2—电容分压器的中压电容
电磁单元
T—中压变压器
L—补偿电抗器
D—阻尼器

1a
1n
2a
2n
da
d1
d2
dn

(a) 示意图　　　　　　　　　　　　　　(b) 结构图

图 2-5　电容式电压互感器

## 2.2.2　电磁式电压互感器

电压互感器中以电磁感应为其工作原理的均称为电磁式电压互感器，根据绝缘介质不同，可分为油浸式、$SF_6$ 气体绝缘式、环氧浇注式（干式）。

### 2.2.2.1　油浸式电压互感器

油浸式电压互感器主要由铁心、一次绕组、二次绕组等部件组成，如图 2-6 所示。其工作原理与变压器一致，但是容量较小。其一次绕组并联接在电力系统中，二次绕组接至测量仪器、仪表、继电保护装置等；通过电磁转换，将一次电压成比例变换成标准的二次电压。

膨胀器
一次接线端子
瓷套
二次出线盒
油箱
放油阀

图 2-6　油浸式电压互感器

#### 2.2.2.2　SF$_6$ 气体绝缘式电压互感器

SF$_6$ 气体绝缘电压互感器主要由外绝缘套管、SF$_6$ 表计、电磁单元等部件组成，主绝缘介质为 SF$_6$ 气体，SF$_6$ 气体绝缘电压互感器如图 2-7 所示。SF$_6$ 气体绝缘式电压互感器绝缘性能好，结构简单，寿命长，常用于较高电压等级系统中。

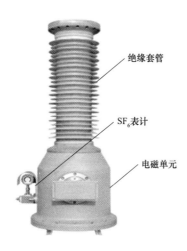

绝缘套管

SF$_6$表计

电磁单元

图 2-7　SF$_6$ 气体绝缘电压互感器

#### 2.2.2.3　干式电压互感器

干式电压互感器主要由铁心和一次、二次绕组等部件组成，绝缘结构为环氧树脂或其他不饱和树脂混合材料浇注，不存在渗漏油等问题，干式电压互感器如图 2-8 所示。浇注绝缘机械性能好，防火防潮，寿命长，且结构简单，被广泛应用于 35kV 及以下电压等级，特别是在 10kV 开关柜中应用最多。干式电压互感器也属于电磁式电压互感器。

图 2-8　干式电压互感器

### 2.2.3　电子式电压互感器

电子式电压互感器分为有源型和光学电压互感器。

#### 2.2.3.1　有源型电子式电压互感器

有源型电子式电压互感器一般包括分压器、采集器以及合并单元三个部分。一次部分采用分压器（电容或者电阻分压）作为传感器，将较高的额定一次电压分压成较低的中间电压，利用采集器对分压器输出电压信号进行采样，通过光纤传输信号到合并单元，与测量仪表、计量装置、继电保护和自动化装置配合实现一次系统的电压测量、继电保护和自动控制功能。有源型电子式电压互感器易于实现，是目前电子式电压互感器的主流产品，其示意图和结构图如图 2-9 所示。

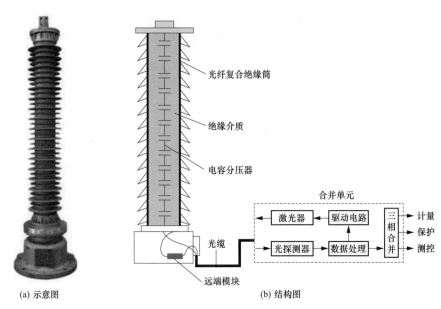

(a) 示意图　　　　　　　(b) 结构图

图 2-9　有源型电子式电压互感器

电子式电压互感器因其小型化的结构特点，易与 GIS、隔离断路器等一次设备集成，构成 GIS 电子式组合互感器。GIS 电子式电压互感器采用同轴电容分压器传感被测电压，利用远端模块就地采集 LP（低功率）电流互感器、空芯线圈及电容分压器的输出信号，GIS 电子式组合互感器如图 2-10 所示。

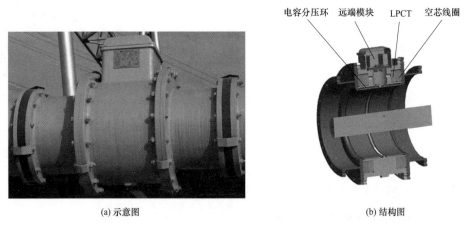

(a) 示意图　　　　　　　(b) 结构图

图 2-10　GIS 电子式组合互感器

### 2.2.3.2　光学电子式电压互感器

光学电压互感器利用光学元件作为传感器，利用光学晶体在电场作用下的电光效应，使通过光学晶体的光产生调制，再通过电路解调，还原出系统的被测电压，其示意图和结构图如图 2-11 所示。

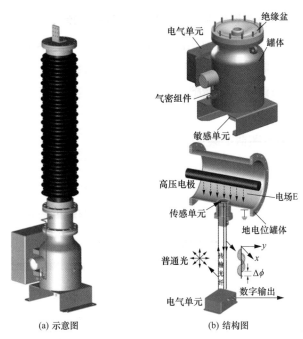

(a) 示意图　　　　　(b) 结构图

图 2-11　光学电压互感器

# 2.3　电压互感器运行主要问题分析

## 2.3.1　电容式电压互感器主要问题分析

电容式电压互感器的电磁单元、电容单元、中低压套管受其密封性能的影响容易受潮。电磁单元受潮影响绕组阻性，电容单元油封受潮会严重干扰电压互感器介质和电压，导致电容量快速下降。电容单元密封不良渗油会快速升高电容器内部温度，使电容器构件被破坏。绝缘单元是电磁单元和电容单元之间的保护，电压互感器正常运行过程中需要电磁单元和电容单元承受极大的电压，为防止电压过大损坏互感器，需要安装绝缘单元保护装置。高强度电压容易导致绝缘单元损坏，绝缘的老化也会引起故障，因此需要定期对设备进行检修维护。

通过对电网系统内已投运 5~10 年的 35~500kV 电压等级互感器设备连续三年的跟踪分析，归纳出电容式电压互感器问题 8 大类，合计 62 项。

按问题类型统计，密封不良问题 20 次，占 32.26%；中间变压器一次绕组绝缘问题 12 次，占 19.35%；电容单元制造工艺不良导致设备损坏问题 8 次，占 12.9%。电容式电压互感器设备主要问题分析如表 2-1 所示，主要问题分类占比（按问题类型）如图 2-12 所示。

表 2-1　　　　　　　　　　电容式电压互感器设备主要问题分析

| 问题分类 | 数量 | 占比（%） | 问题描述 | 数量 |
|---|---|---|---|---|
| 密封不良 | 20 | 32.26 | 电磁单元密封问题 | 7 |
| | | | 电容单元密封问题 | 5 |
| | | | 中低压套管问题 | 2 |
| 中间变压器一次绕组绝缘问题 | 12 | 19.35 | 一次绕组质量或工艺问题 | 6 |
| | | | 高压侧 MOA 损坏 | 4 |
| 电容单元问题 | 8 | 12.9 | 电容单元制造工艺 | 6 |
| 二次接线盒螺钉材质或者结构设计 | 8 | 12.9 | 锈蚀、检修不便 | 4 |
| | | | 无防转动措施 | 2 |
| 阻尼器 | 5 | 8.06 | 布局不合理、异常发热 | 3 |
| | | | 质量问题 | 2 |
| 安全距离设计不足 | 4 | 6.45 | 检修不便 | 4 |
| 油位观察窗问题 | 3 | 4.84 | 难以观测 | 3 |
| 接地端子 | 2 | 3.23 | 接地不良 | 2 |

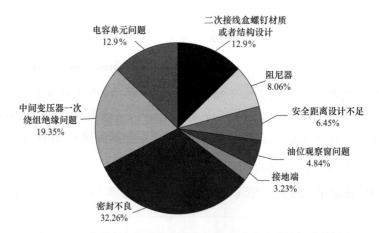

图 2-12　电容式电压互感器主要问题分类占比（按问题类型）

　　按电压等级统计，110、220kV 设备问题较多。500kV 设备问题占 10.17%；330kV 设备问题占 1.69%；220kV 设备问题占 45.76%；110kV 设备问题占 35.59%；66kV 设备问题占 1.69%；35kV 设备问题占 5.08%。主要问题分类占比（按电压等级）如图 2-13 所示。

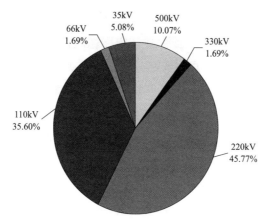

图 2-13　电容式电压互感器主要问题分类占比（按电压等级）

## 2.3.2　电磁式电压互感器主要问题分析

### 2.3.2.1　油浸电磁式电压互感器主要问题分析

油浸电磁式电压互感器在电网出现某些异常事故（如非同期合闸或接地故障消失后），其励磁阻抗与电网系统的对地电容可形成非线性谐振回路产生铁磁谐振，进一步可能造成工频、高频、低频谐振过电压，导致电压互感器烧损或者熔丝熔断事故发生。

通过对电网系统内已投运 5~10 年的 10~220kV 电压等级互感器设备连续三年的跟踪分析，反馈电磁式电压互感器问题 6 类，共计 28 项。

按问题类型统计，铁磁谐振问题共计 7 次，占 25%；密封不良问题共计 5 次，占 17.86%；质量或选型问题共计 5 次，占 17.86%；二次引线拆接不便问题 3 次，占 10.71%；锈蚀问题 2 个，占 7.14%。油浸电磁式电压互感器主要问题分析如表 2-2 所示，主要问题分类占比（按问题类型）如图 2-14 所示。

表 2-2　　　　　　　　　油浸电磁式电压互感器设备主要问题分析

| 问题分类 | 数量 | 占比（%） |
|---|---|---|
| 铁磁谐振 | 7 | 25 |
| 密封不良 | 5 | 17.86 |
| 质量或选型问题 | 5 | 17.86 |
| 二次引线拆接不便 | 3 | 10.71 |
| 锈蚀 | 2 | 7.14 |
| 其他 | 6 | 21.43 |

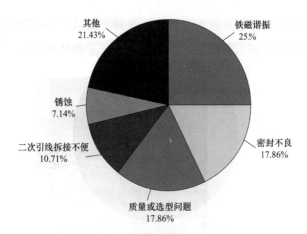

图 2-14 油浸电磁式电压互感器问题分类占比（按问题类型）

按电压等级统计，35kV 设备问题较多。220kV 设备问题 2 个，占 7.14%；110kV 设备问题 6 个，占 21.43%；66kV 设备问题 1 个，占 3.57%；35kV 设备问题 16 个，占 67.14%；10kV 设备问题 3 个，占 10.71%。主要问题分类占比（按电压等级）如图 2-15 所示。

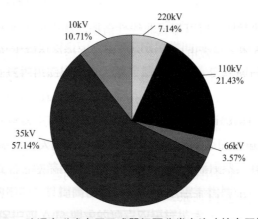

图 2-15 油浸电磁式电压互感器问题分类占比（按电压等级）

### 2.3.2.2 干式电压互感器主要问题分析

干式电压互感器和普通油浸式电压互感器相比，维护和定期试验工作相对较少，但在系统接地及谐振过电压异常情况下，铁心励磁特性和耐热性能相对较差，经常会发生一次熔丝熔断或者互感器烧损事件。

通过对电网系统内已投运 5~10 年的 10~110kV 电压等级互感器设备连续三年的跟踪分析，反馈干式电压互感器问题 6 大类，共计 50 个。

按问题类型统计，户外干式电压互感器外绝缘故障 11 个，占 20%；铁磁谐振问题 9 个，占 18%；单相接地或雷电过电压导致设备损坏问题 9 个，占 18%；产品质量缺陷或者选型不当问题 7 个，占 14%；匝间短路问题 4 个，占 8%。干式电压互感器设备主要问题分析如表 2-3 所示，主要问题分类对比（按问题类型）如图 2-16 所示。

表 2-3　　　　　　　　　干式电压互感器设备主要问题分析

| 问题分类 | 数量 | 占比（%） |
| --- | --- | --- |
| 户外干式电压互感器外绝缘故障 | 11 | 22 |
| 铁磁谐振 | 9 | 18 |
| 单相接地或雷电过电压损坏 | 9 | 18 |
| 产品质量缺陷或者选型不当 | 7 | 14 |
| 匝间短路 | 4 | 8 |
| 其他 | 10 | 20 |

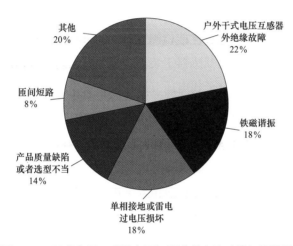

图 2-16　干式电压互感器主要问题分类占比（按问题类型）

按电压等级统计，66kV 设备问题占 2%；35kV 设备问题占 44%；10kV 设备问题占 54%。主要问题分类占比（按电压等级）如图 2-17 所示。

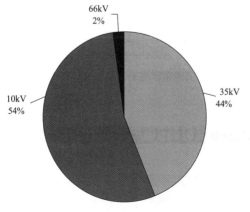

图 2-17　干式电压互感器主要问题分类占比（按电压等级）

### 2.3.3 电子式电压互感器主要问题分析

典型的电子式电压互感器有光学电压互感器、电容分压互感器、电阻分压互感器。光学电压互感器所需较多精度要求高的光学部件，光学系统的封装校准困难，不易批量生产，运输过程中存在易损坏的问题，其电源供电模块也有待改善。电容分压电子式电压互感器传感元件为电容分压器，其电容随环境温度的变化而变化，参数设置与互感器精度难以保证。电阻分压电子式电压互感器受温度影响较大，温度的变化会对电阻的阻值产生影响。

通过对电网系统内已投运 5~10 年的 110~500kV 电压等级互感器设备连续三年的跟踪分析，反馈电子式电压互感器问题共计 9 个。其中 5 个采集器故障为开展电子式互感器性能检测试验之前产品；另外 4 个问题为新一代智能变电站中产品，原因为工艺控制不当及器件变更。

按问题类型统计，主要为未通过性能检测互感器的采集器故障 5 次；电容分压器参数设置不合理问题 1 次；与 GIS 配套的互感器工装不合理导致误差不合格问题 1 次；器件选型不合理 1 次；加工工艺问题 1 次。电子式电压互感器设备主要问题分析如表 2-4 所示，主要问题分类占比（按问题类型）如图 2-18 所示。

表 2-4 电子式电压互感器设备主要问题分析

| 问题 | 数量 | 占比（%） |
|---|---|---|
| 未通过性能检测互感器的采集器故障 | 5 | 55.56 |
| 电容分压器参数设置不合理 | 1 | 11.11 |
| 与 GIS 配套互感器工装不合理 | 1 | 11.11 |
| 器件选型不合理 | 1 | 11.11 |
| 加工工艺问题 | 1 | 11.11 |

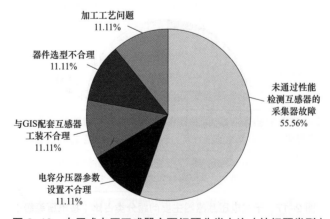

图 2-18 电子式电压互感器主要问题分类占比（按问题类型）

按电压等级统计，220kV 设备问题占 22.22%；110kV 设备问题占 77.78%。主要问题分类占比（按电压等级）如图 2-19 所示。就本次数据统计情况来看，110kV 设备问题数量偏多；但从实际运行情况来看，设备缺陷率与电压等级关系不大。

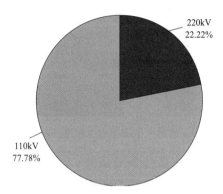

图 2-19　电子式电压互感器主要问题分类占比（按电压等级）

# 2.4　电压互感器可靠性提升措施

## 2.4.1　电容式电压互感器

### 2.4.1.1　提升设备选型要求

（1）现状及需求。

电容式电压互感器不会与系统发生铁磁谐振，运行可靠性高。高电压等级系统应选用电容式电压互感器。

（2）具体措施。

新建或改造敞开式变电站，110（66）~220kV 电压等级电压互感器应选用低磁密的电磁式电压互感器或电容式电压互感器。330kV 及以上电压等级应选用电容式电压互感器。

### 2.4.1.2　提升电容式电压互感器密封性能

（1）现状及需求。

从运行情况来看，电容式电压互感器密封不良、绝缘受潮属于典型多发问题，电容单元、电磁单元、二次接线盒均存在密封问题。需强化内外部密封材质和制造工艺，加强验收过程管控。

案例 1：220kV 某变电站一 220kV 电容式电压互感器电磁单元油箱上平面放气孔密封不良导致进水，如图 2-20 所示。

图 2-20　油箱上平面积水引起注油孔进水受潮

案例 2：500kV 某变电站 2 号主变压器高压侧 CVT 电压监测异常，红外测温显示 B 相比其他两相温度高，B 相下节电容介质损耗和电容量初值差严重超标。解体检查发现下节电容器上法兰排水孔堵塞、密封圈老化失效、进水受潮，导致内部绝缘纸板放电，如图 2-21 所示。

案例 3：红外测温发现 500kV 某变电站 2 号主变压器 B 相高压侧 CVT 电磁单元调节绕组接线盒发热。现场打开该 CVT 调节绕组接线盒外部盖板，发现密封垫部分变形且未完全卡在密封槽内，内部存有大量雨水。电磁单元调节绕组接线盒未设置明显"禁动"标识，现场安装过程中被误打开，密封被破坏，如图 2-22 所示。

图 2-21　法兰排水孔失效导致密封失效进水受潮　　图 2-22　电磁单元调节绕组接线盒受潮发热

案例 4：220kV 某变电站 110kV Ⅰ母 C 相电压互感器电压偏高，接近 10%。解体后发现内部电容器中压套管明显破裂，造成电容器油渗漏到电磁单元，如图 2-23 所示。

（2）具体措施。

1）应选用带金属膨胀器微正压结构型式，在最低环境温度下不应出现负压。

2）验收时，加强金属膨胀器顶部排气塞密封情况检查。

3）电容式电压互感器电磁单元油箱注油孔应高于油箱上平面 10mm 以上，且密封良好。检修后应更换密封垫并拧紧密封螺栓，对密封状况进行检查。

满油位

中压套管破裂

图 2-23　电容器中压套管破裂漏油

4）电容分压器上端法兰最低位应开设排水孔，对于大孔径的排水孔应设置过滤网。

5）超（特）高压 CVT 应在电磁单元调节绕组接线盒设置"禁动"标识。

6）电磁单元密封试验应在所有出厂试验完成，且在下节电容单元与电磁单元装配完成后进行。

7）生产厂家应提供带导电杆的中低压套管冷热循环试验报告。

8）生产厂家应开展密封圈和绝缘油、密封胶（若密封螺丝外部涂密封胶）相容性试验。产品中选用的密封圈、绝缘油、密封胶应与相容性试验中规格保持一致。

9）生产厂家每年应至少开展一次密封圈耐油、耐老化、永久压缩变形、脆性温度试验，每批次开展永久变形试验，合格后方可使用。厂家在招标文件中提供密封件相关型式试验和定期检验报告。

10）排气塞、放气孔等部件外应涂密封胶，密封胶破坏后应复涂，如图 2-24 所示。

涂抹防水胶密封，防止水分进入

丁腈密封圈密封，防止水分进入

图 2-24　排气塞、放气孔等密封部件外涂密封胶

### 2.4.1.3　提升电磁单元质量措施

（1）现状及需求。

电磁单元内部部件较多，结构相对较复杂；一次绕组绝缘缺陷、部件损坏情况多发。需加强一次绕组漆包线质量管控、改进阻尼器结构、开展电磁单元绝缘油抽检等。

案例1：220kV某变电站220kV Ⅱ母线A相CVT电压出现异常，有关保护装置告警。油样试验结果：击穿电压19kV，油中水分126mg/L。解体检查发现电磁单元一次绕组烧损；各密封件检查良好。中间变压器高压绕组放电击穿如图2-25所示。

图2-25　中间变压器高压绕组放电击穿

案例2：220kV某变电站110kV Ⅱ段母线电压互感器B相电磁单元红外检测发现局部发热。电磁单元阻尼器防护罩外壳结构设计不合理，间隙太小并与油箱壁发生接触，导致油箱内壁绝缘破损，构成短路匝，在电磁场作用下形成环流，导致内部发热，如图2-26所示。

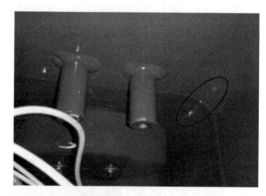

图2-26　阻尼器防护罩接触油箱壁形成短路匝

案例3：110kV某变电站投运于2009年9月，CVT二次接线盒本体及螺钉锈蚀严重，如图2-27所示，容易造成封密不严进水受潮，损坏设备。

（2）具体措施。

1）电容式电压互感器中间变压器高压侧对地不应装设氧化锌避雷器或间隙。中间变压器高压侧氧化锌避雷器或间隙示意图如图2-28所示。

图2-27　二次接线盒严重锈蚀

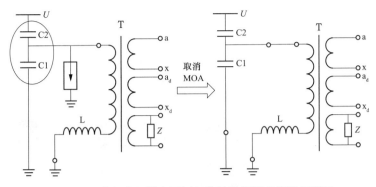

图 2-28 中间变压器高压侧氧化锌避雷器或间隙示意图

2）出厂资料应包括中间变压器一次绕组漆包线和绝缘材料检测报告，不得用原材料供应商报告代替。漆包线应选用高质量 QQ 线。

3）交接验收环节加强电磁单元油耐压和微水抽检。

4）补偿电抗器保护元件应引出到二次接线盒，便于检修试验，如图 2-29 所示。

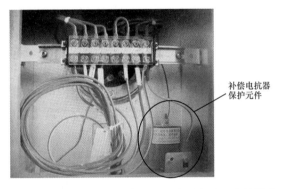

图 2-29 补偿电抗器保护用避雷器引出到二次接线盒

5）优化阻尼器的结构布局，避免与油箱的距离过近。固定阻尼器的螺栓，防护罩与油箱外壁应防止形成短路匝；防护罩应采用绝缘材料。

6）油位观察窗应选用耐油污的钢化玻璃，配置带颜色的浮子，并增大油位观察窗面积。钢化玻璃观察窗如图 2-30 所示。

图 2-30 钢化玻璃观察窗

7）油箱及二次接线盒材质应采用热镀锌钢板或铸铝件。二次接线盒防护等级不应低于IP55。

8）二次线应通过过渡端子排引出。二次线是否通过过渡端子排引出对比图如图2-31所示。

(a) 二次线没有通过过渡端子排引出　　　　　　(b) 二次线通过过渡端子排引出

图2-31　二次线是否通过过渡端子排引出对比图

### 2.4.1.4　提升电容单元质量措施

（1）现状及需求。

电容单元由多个电容元件构成，个别元件击穿后，采用常规检测方法难以发现，但随着运行时间的增长，缺陷会逐渐扩大，影响互感器安全运行。需强化电容单元的原材料和出厂试验要求。

（2）具体措施。

1）耐压前后的电容变化量不应超过单个元件击穿后引起的电容变化量。元件个数 $n$ 应在铭牌上标注。

2）出厂资料应包括电容单元纸和膜检测报告，不得用原材料供应商报告代替。

### 2.4.1.5　防止铁磁谐振

（1）现状及需求。

电容式电压互感器在某些运行工况下可能发生内部铁磁谐振，引起过电压、二次电压异常，甚至导致设备烧损，因此需采取措施抑制铁磁谐振。

（2）具体措施。

1）应选用速饱和阻尼器。

2）出厂试验报告应包括 $0.8U_{1n}$、$1.0U_{1n}$、$1.2U_{1n}$ 及 $1.5U_{1n}$ 的铁磁谐振试验（$U_{1n}$ 为额定一次相电压）数据，必须包含在最严重合闸角方式下进行的铁磁谐振试验数据。

### 2.4.1.6　其他提升措施

（1）现状及需求。

电容式电压互感器还存在安全距离设计不合理导致检修不便、电容分压器低压端子接地不良等问题。设计时需加强安全距离校核，安装时确保与出厂编号一致，投运前加强接地部位检查。

案例 1：220kV 某变电站 110kV 正母线电压互感器检修，本只需停运 110kV 正母线电压互感器；因正母线电压互感器与旁母线距离较近，电压互感器检修时安全距离不够，需 110kV 旁母线陪停，供电可靠性降低，如图 2-32 所示。

案例 2：运行巡视人员发现 220kV 某线路电压互感器二次接线盒处渗油，且声音异常。经检查，互感器低压端子接地松动、接触不良，悬浮电位放电积累效应造成环氧树脂密封板烧蚀，如图 2-33 所示。

图 2-32　正母线电压互感器与旁母线检修安全
距离不足

图 2-33　CVT 低压接地端子松动放电

（2）具体措施。

1）加强电压互感器与其他相邻设备的安全距离设计校核，避免检修、带电取油样等工作时邻近设备陪停和发生人身触电。

2）建议取消电磁单元油箱外壁的检修试验用小闸刀，如图 2-34 所示。

 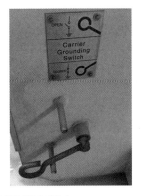

图 2-34　电磁单元油箱外壁的检修试验用小闸刀

3）220kV 及以上电压等级的电容式电压互感器，安装时必须按照出厂时的编号以及上下顺序进行安装。

4）电容式电压互感器在投运前应注意检查电容分压器低压端子（$\delta$ 或 $N$）的接地及互感器底座的接地是否牢固可靠。

### 2.4.2 电磁式电压互感器

#### 2.4.2.1 防止铁磁谐振

（1）现状及需求。

从目前运行情况来看，铁磁谐振是电磁式电压互感器最主要的问题。铁磁谐振会导致系统产生谐振过电压、二次电压异常，甚至引起设备烧损。需对电磁式电压互感器的选型、出厂试验、交接试验、接线方式、运行方式提出严格要求。

案例：110kV 某变电站 35kV Ⅱ 母线电压互感器 B 相运行过程中喷油，膨胀器冲开。现场检查发现 B 相电压互感器尾端接地线脱落，系统发生单相接地故障引发铁磁谐振，内部压力升高导致膨胀器损坏，如图 2-35 所示。

图 2-35　110kV 某变电站 35kV 电压互感器膨胀器冲开、尾端接地线脱落

（2）具体措施。

1）新建或改造敞开式变电站，110（66）~220kV 电压互感器应选用低磁密的电磁式电压互感器或电容式电压互感器。330kV 及以上电压等级应选用电容式电压互感器。

2）中性点非有效接地系统中，作单相接地监视用的电压互感器，一次中性点应接地。为防止谐振过电压，应在一次中性点或二次回路装设消谐装置。一次中性点装消谐器接线图如图 2-36 所示。

3）中性点非直接接地系统可采取以下措施：

a）选用在 $1.9U_\mathrm{m}/\sqrt{3}$ 电压下，其铁心磁通不饱和的电压互感器。

b）在电压互感器一次绕组中性点对地间串接线性或非线性消谐电阻、加零序电压互感器。

c）在电压互感器的高压中性点与地之间、开三角两端分别接入阻尼电阻。

图 2-36　一次中性点装消谐器接线图

4）电磁式电压互感器在交接试验时，应进行空载电流测量；励磁特性的拐点电压应大于 $1.5U_m/\sqrt{3}$（中性点有效接地系统）或 $1.9U_m/\sqrt{3}$（中性点非有效接地系统）。

5）66kV 及以下中性点非有效接地系统发生单相接地或产生谐振时，严禁就地用隔离开关或高压熔断器分、合电压互感器。

### 2.4.2.2　提升密封性能

（1）现状及需求。

油浸电磁式电压互感器密封不良、渗漏油、绝缘受潮的问题较多，极大影响运维便利性和设备运行可靠性。需提高内外部密封材质和工艺要求，加强验收过程管控。

案例 1：35kV 某变电站 35kV Ⅰ 段母线电压互感器 B 相存在渗漏油，B 相绝缘电阻不合格，油耐压试验不合格。故障原因为顶盖密封胶囊密封不良，进水受潮导致绝缘下降，如图 2-37 所示。

图 2-37　35kV 某变电站 35kV Ⅰ段母线电压互感器进水受潮

案例 2：110kV 某变电站某电压互感器电磁单元油箱存在渗油情况。油箱法兰橡胶垫圈工艺未达标，长期油浸老化导致密封不严，内部绝缘油渗出，如图 2-38 所示。

图 2-38　电磁式电压互感器电磁单元油箱渗漏油

（2）具体措施。

1）油浸式电压互感器应选用带金属膨胀器微正压结构型式，在最低环境温度下不应出现负压。

2）对于带金属膨胀器的油浸式电磁式电压互感器，应在未装膨胀器之前进行密封性能试验。在密封试验后静放不少于 12h，检查渗漏油情况。

3）验收时，加强膨胀器顶部排气塞密封情况检查。

4）二次线应通过过渡端子排引出。

5）生产厂家应开展密封圈和绝缘油、密封胶（若密封螺钉外部涂密封胶）相容性试验。产品中选用的密封圈、绝缘油、密封胶应与相容性试验中的规格保持一致。

6）生产厂家每年应至少开展一次密封圈耐油、耐老化、永久压缩变形、脆性温度试验，每批次开展永久变形试验，合格后方可使用。

7）排气塞、放气孔等部件外应涂密封胶，密封胶破坏后应复涂。

### 2.4.2.3　提升防腐防潮性能

（1）现状及需求。

电磁式电压互感器的油箱和二次接线盒在运行过程中易受环境因素影响出现锈蚀，不利于运维检修，需加强金属部件材质选型和防护等级要求。

案例：沿海地区，空气盐分较大，运行过程中发现大量电磁式电压互感器金属油箱法兰、箱体、二次接线盒经运行多年后锈蚀严重，经防腐处理仍不能阻止锈蚀恶化。电压互感器锈蚀情况如图 2-39 所示。

（2）具体措施。

1）电磁式电压互感器底座、法兰应采用热

图 2-39　电压互感器锈蚀情况

镀锌防腐。

2）油箱及二次接线盒材质应采用热镀锌钢板或铸铝件。

3）二次接线盒防护等级不应低于 IP55。

### 2.4.2.4　其他提升措施

（1）现状及需求。

电磁式电压互感器还存在安全距离设计不足、运维检修不方便、安装尺寸不统一等问题。精度要求高的场合应提高选型要求，并加强设计校核。

案例 1：110kV 某变电站在 1984 年建站投运，为常规变电站，设备虽然经过多次改造，但端子箱没有更换，电压互感器开口三角未使用独立电缆。变电站端子箱如图 2-40 所示。

图 2-40　110kV 某变电站端子箱

案例 2：220kV 某变电站改造时，66kV 某线路电压互感器位置选择不当，布置在66kV 旁路母线下方，设备检修时，给检修人员带来安全隐患。电压互感器现场安装情况如图 2-41 所示。

图 2-41　电压互感器现场安装情况

（2）具体措施。

1）电磁式电压互感器开口三角绕组引入线和其余绕组引入线应使用各自独立的电缆。

2）加强电压互感器与其他相邻设备的安全距离设计校核，避免检修、带电取油样等工作时邻近设备陪停和人身安全隐患。

3）35kV及以上电磁式电压互感器，应统一互感器安装尺寸，便于设备安装、备品备件互换。

4）牵引变电站的出线计费计量装置中线路电压互感器应采用电磁式电压互感器。

5）互感器安装尺寸统一可提高设计和安装工作效率。安全距离设计校核可以有效避免电压互感器检修时邻近带电设备陪停，缩小停电范围，提高检修效率。选用电磁式电压互感器，精度更高，计量更准确。

### 2.4.3 干式电压互感器

#### 2.4.3.1 设备选型建议

（1）现状及需求。

干式电压互感器抗紫外线能力弱，户外使用时绝缘易老化、开裂，受环境因素影响大。另外，干式电压互感器主要用于35kV及以下不接地系统，单相接地故障多发，耐受过电压能力要求较高。需提高干式电压互感器选型要求。

案例1：35kV某变电站户外干式电压互感器经历长时间风吹日晒雨淋等恶劣天气，干式电压互感器容易出线绝缘老化、开裂的状况，影响设备安全运行，如图2-42所示。

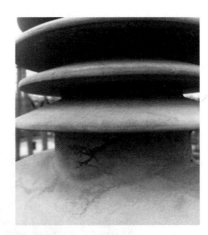

图2-42　干式电压互感器外绝缘老化、开裂

案例2：某站10kV系统采用半绝缘TV作为4TV运行方式。外部线路接地故障期间，绝缘较低的N端不能承受故障过电压，造成设备损坏，如图2-43所示。

图 2-43 半绝缘电压互感器烧损图

（2）具体措施。

1）户外场合不应选用环氧浇注干式电压互感器。

2）采用 4TV 接线方式时，接成 Y 型的电压互感器应选用全绝缘结构。

### 2.4.3.2 防止铁磁谐振

（1）现状及需求。

干式电压互感器铁磁谐振问题较多，需对电磁式电压互感器的选型、出厂试验、交接试验、接线方式、运行方式提出严格要求。

案例 1：66kV 某变电站 10kV 电压报警，电压互感器缺少一次消谐装置，线路发生接地时导致电压互感器烧毁，如图 2-44 所示。

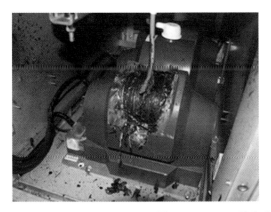

图 2-44 66kV 某变电站烧毁的电压互感器

案例 2：110kV 某变电站 10kV Ⅱ 段母线电压互感器过电压烧损。开展空载励磁特性检查发现，该电压互感器 1.9 倍相电压下空载电流不符合规程要求。电压互感器中性点接线部位放电痕迹如图 2-45 所示。

图 2-45　某变电站母线电压互感器中性点接线部位放电痕迹

（2）具体措施。

1）中性点非有效接地系统中，作为单相接地监视用的电压互感器，一次中性点应接地。为防止谐振过电压，应在一次中性点或二次回路装设消谐装置。

2）中性点非直接接地系统可采取以下措施：

a）选用在 $1.9U_m/\sqrt{3}$ 电压下，其铁心磁通不饱和的电压互感器。

b）在电压互感器一次绕组中性点对地间串接线性或非线性消谐电阻，加零序电压互感器。

c）在电压互感器的高压中性点与地之间、开三角两端分别接入阻尼电阻。

3）电磁式电压互感器在交接试验时，应进行空载电流测量；励磁特性的拐点电压应大于 $1.5U_m/\sqrt{3}$（中性点有效接地系统）或 $1.9U_m/\sqrt{3}$（中性点非有效接地系统）。

4）66kV 及以下中性点非有效接地系统发生单相接地或产生谐振时，严禁就地用隔离开关或高压熔断器分、合电压互感器。

## 2.4.4　电子式电压互感器

### 2.4.4.1　提高设备入网检测标准

（1）现状及需求。

第一代智能变电站所用的电子式电压互感器故障率较高，影响设备的安全可靠运行。

新一代智能变电站在开展性能检测基础上，提高了入网检测标准。

需进一步强化电子式电压互感器的质量管控和入网检测。

案例1：220kV 某变电站站内 110kV 所有线路保护装置及测控装置发"保护装置异常告警""电压 SV 采样断链""测控装置 SV 断链"等告警信号。现场检查发现 110kV 母线电压互感器采集装置故障。该电子式电压互感器投运时间为 2011 年，为性能检测开展前产品，故障率较高，存在安全隐患，如图 2-46 所示。

**图 2-46　220kV 某变电站电子式电压互感器**

案例 2：110kV 某智能变电站 110kV 支柱式电压互感器在投运过程中出现波形畸变问题。分析原因为该型号产品原先虽已通过性能检测，但在实际生产制造过程中变更了主要部件（二次侧电压变换器），更换后未进行性能检测。EVT 输出波形畸变如图 2-47 所示。

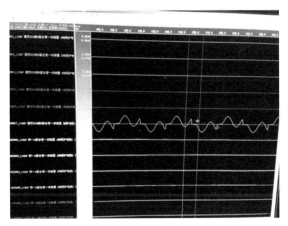

**图 2-47　EVT 输出波形畸变**

（2）具体措施。

1）应选用具有挂网运行经验或通过长期带电考核的产品。

2）应选用通过型式试验和性能检测的产品。

3）定型产品在软硬件更换或者设计变更后应在第三方检测机构重新开展相关性试验。

4）到货验收时，业主、监理、施工、厂家共同对随箱资料进行验收，检查出厂相关记录、报告，重点检查出厂测试报告等。

### 2.4.4.2　提升设备准确性及可靠性

（1）现状及需求。

针对独立式结构，电容分压器的电容量会受温度、杂散电容影响，导致电子式电压互感器准确度下降、误差增大。需采取措施将一次部分电容量控制在要求范围内。

与 GIS 设备配套的电子式电压互感器生产厂家与 GIS 设备厂家并非同一个，如果两家产品的工装、尺寸、校验条件存在差异，整体组装后，电子式电压互感器的准确性会受到影响。需对整体装配后试验提出要求。

（2）具体措施。

1）选用低温度系数电容分压器，增强全温度范围内准确性。

2）针对不同电压等级设备，采取合理措施减小杂散电容的影响。

3）与 GIS 设备配套使用的电子式电压互感器，在 GIS 设备厂内、变电站现场均需与 GIS 设备整体装配后开展误差校验。

4）与 GIS 设备配套使用的电子式电压互感器，采集模块与 GIS 本体应采用一体化结构设计方式，如图 2-48 所示。

图 2-48　GIS 电子式互感器罐体和采集器一体化设计方式

### 2.4.4.3　提升现场安装工艺水平

（1）现状及需求。

目前尚无电子式电压互感器的现场安装调试、交接验收规范，其交接验收工作无标准可依。

（2）具体措施。

1）编制电子式电压互感器现场安装调试、交接验收规范。

2）光缆施工及光纤的盘绕操作应满足弯曲半径等相应要求，避免光路损耗超标。盘线变曲半径如图 2-49 所示。

3）弱信号传输若采用同轴电缆，电缆插头与屏蔽层应采用焊接工艺，不应仅压接，如图 2-50 和图 2-51 所示。

图 2-49　盘线弯曲半径示意图

图 2-50　同轴电缆线和同轴头的连接（同轴电缆屏蔽层与同轴头间仅压接）

图 2-51　同轴电缆屏蔽层与同轴头之间增加焊接后的同轴接头

# 2.5　电压互感器智能化提升关键技术

## 2.5.1　电容式电压互感器

110kV 电压等级的 CVT 电容分压器主电容量有两种，即 10000pF（线路型，二次总负荷小于 150VA）和 20000pF（母线型，二次总负荷小于 400VA），110kV 线路型和母线型 CVT

结构对比如图 2–52 所示。

　　220kV 电压等级的 CVT 电容分压器主电容量也有两种，即 5000pF（线路型，二次总负荷小于 150VA）和 10000pF（母线型，二次总负荷小于 400VA）。

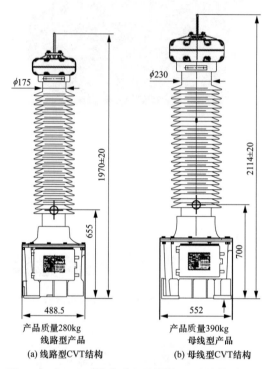

图 2–52　110kV 线路型和母线型 CVT 结构对比图

　　早期母线 CVT 二次负荷高达 300VA，与线路 CVT 技术参数存在较大差异，故在产品设计时存在较大不同。目前母线 CVT 二次负荷已大幅度降低至 50VA 左右，与线路 CVT 基本相当。可开展对母线、线路 CVT 产品一致性设计研究，有效提升母线、线路 CVT 的互换性。

　　通过降低母线 CVT 电容分压器的电容量，使之与线路 CVT 一致：110kV 母线 CVT 和线路 CVT 可统一采用 10000pF 的电容量，220kV 母线 CVT 和线路 CVT 可统一采用 5000pF 的电容量。

　　降低母线 CVT 电容分压器的主电容值，运行电压下工作场强可以降低约 30%，提高了产品绝缘裕度和运行可靠性；线路及母线 CVT 的主电容量规格统一，提高了现场产品互换性，也便于统一采购，同时可提高现场检修便利性。

## 2.5.2　电磁式电压互感器

### 2.5.2.1　铁磁谐振抑制

　　电磁式电压互感器铁磁谐振是电力系统中常见故障，铁磁谐振会导致系统产生谐振过电压、二次电压异常，甚至引起设备烧损。因此，有必要对电磁式电压互感器铁磁谐振抑制措施开展研究。

4TV 法是当前消除铁磁谐振行之有效的方法之一，其接线图如图 2-53 所示。4TV 法由三个单相全绝缘电压互感器和一个半绝缘（或全绝缘）单相电压互感器构成。

上述接线方式，由于开口角回路短接，当系统中出现单相断线、变压器空投母线、单相弧光接地等非正常工况时，由此产生零序电压并在开口角回路形成环流，在电容量较大的电网中，这个环流可能超过互感器的热容量而导致互感器烧坏；同时，因为零序电压互感器是常规的产品，

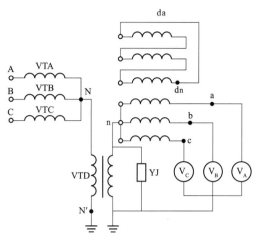

图 2-53　4TV 法原理接线图

其感抗和直流电阻较小，没有达到抑制超低频振荡电流的要求；另外该接线方式还存在测量的零序电压不准确等问题。

为更加安全可靠运行，提出"4TV"的优化方案，改进接线路图如图 2-54 所示，优化方案主要有两点：

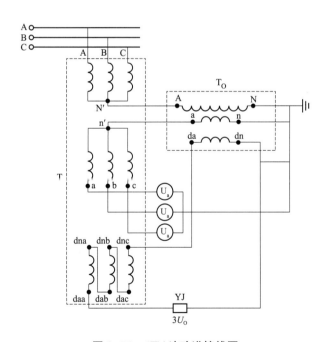

图 2-54　4TV 法改进接线图

（1）接线优化，将主 TV 的开口角打开与零序电压互感器的一个绕组串接接至电压继电器。

（2）加大零序 TV 的直流电阻和感抗，即零序 TV 特殊设计。

### 2.5.2.2　油浸式电压互感器压力监测装置

油浸式电压互感器发生铁磁谐振或单相接地故障后会产生过电压，可能导致内部绝缘击穿，甚至引发爆炸起火事故。总体来说，充油设备内部出现绝缘缺陷、发热、渗漏油等情况，都可以通过压力的变化表征出来。因此，可开展油浸式电压互感器内部压力监测手段研究，实时监测设备的运行状况。

油浸式电压互感器压力监测装置工作原理如图 2-55 所示，图中三只压力表测量各相设备的绝对压力为 $P_A$、$P_B$、$P_C$，另外三只表测量各相间的压力差，分别为 $P_{AB}=P_A-P_B$，$P_{BC}=P_B-P_C$，$P_{AC}=P_A-P_C$。接头管路连通设备下部的取油口，汇集至地面监测装置箱内。绝对压力测量以外部大气压为基准，反映出油位与压力表之间相对高度压力差。相对压力测量直接测量两两相间压力差值，在很大程度上排除了外部复杂因素对压力的影响，起到极好的"共模抑制"作用。

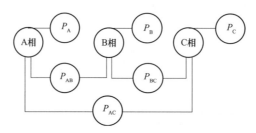

图 2-55　油浸式电压互感器压力监测装置工作原理

压力监测仅涉及设备油路管道延伸，结构简单，为充油设备提供了一种新的状态监测手段，可实现设备潜伏性缺陷预警和故障的快速判断及切除；降低运维检修工作量，提高设备运行可靠性，压力监测装置系统设计原理如图 2-56 所示。

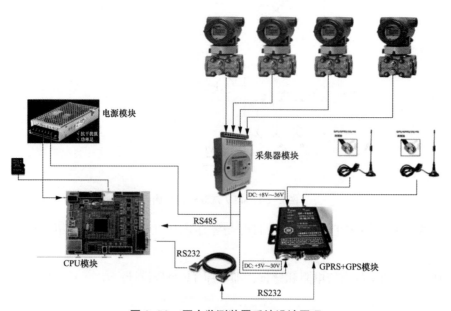

图 2-56　压力监测装置系统设计原理

### 2.5.3　电子式电压互感器

#### 2.5.3.1　光学电压互感器

有源型电子式电压互感器传感单元为电容分压器，在测量暂态时存在时间延迟问题；存在电荷滞留会对重合闸操作带来不利影响；一次侧需要有电源供电，存在电源维护问题。但光学电压互感器基于电光效应，一次侧无需电源供电，不存在上述问题。基于 Pockels 电光效应的光学电压互感器原理如图 2-57 所示。

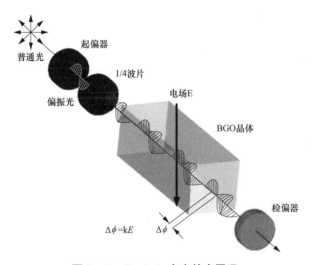

图 2-57　Pockels 电光效应原理

当一束偏振光沿某一方向入射处于外加电场中的电光晶体时，由于 Pockels 效应使线偏光入射晶体后产生双折射，这样从晶体出射的两束双折射光束就产生了相位延迟，该延迟量与外加电场的强度成正比，通过检测该相位差即可得知外加电压的大小。

光学电压互感器将电场变化反映为光的相位变化，经光路干涉进入光电探测器，经过一系列电路处理、误差抑制等关键步骤，最终将电压信号解调出来并通过多模光纤，将电压采样值以数字通信的方式输出给合并单元、保护、测控装置。

#### 2.5.3.2　电压电流组合式电子互感器的应用选型

电子式互感器具有绝缘结构简单、体积小的特点，电压、电流功能容易实现组合。独立式互感器可通过内置在复合光纤绝缘子中的电容分压器采集电压，通过空心线圈和低功率线圈采集保护及测量电流，实现电流、电压的组合。GIS 用互感器可通过电容分压环采集电压，通过空心线圈和低功率线圈采集保护及测量电流，实现电流、电压的组合，GIS 电子式电流电压互感器如图 2-58 所示，AIS 型电子式电流电压互感器如图 2-59 所示。以上特点在目前的智能变电站中并未得到充分应用。针对线路或主变压器等间隔的保护，可以使用整合在一起的线路电压互感器和线路电流互感器，不再使各间隔保护依赖于母线电压互感器，提高了保护的灵敏性、可靠性，且避免了复杂的数字信号电压切换等，减少了常规配置母线电压互感器合并单元和线路电流互感器的合并同步过程，减少了通信环节和通道延时，提高了系统可靠性。

(a) 示意图

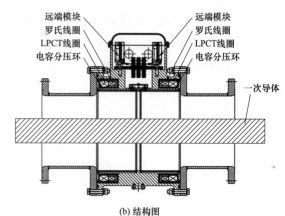

(b) 结构图

图 2-58　GIS 电子式电流电压互感器

(a) 示意图

(b) 结构图

图 2-59　AIS 型电子式电流电压互感器

### 2.5.3.3　二次部件标准化、模块化设计

不同厂家、不同型号的电子式互感器各模块之间的连接方式、传输协议不一致，规范各模块的输入输出、连接方式及传输协议，可实现电子式互感器模块化更换，且可以免校验或者快速校验，实现同型产品模块通用。

二次部件标准化、模块化可增强运维便利性，缩短检修时间，同型产品的模块可互为备份，出现问题时不需要等待厂家技术人员就可以直接更换，保证设备运行可靠。

### 2.5.3.4　输出一致性站域自校验技术

对于互感器来说，其输出数据一定程度上能够反映其产品状态，而由于互感器应用在变电站中，没有标准互感器作为比对基准，所以无法通过其输出来确定产品的好坏。但是对于电子式互感器来说，可实现多路输出，而且基于网络通信技术，很容易实现一个变电站内的关键位置电子式互感器输出的集中采集，而多路电子式互感器输出也可以进行比对。多台电子式互感器输出进行两两比对，并长时间监测其比对结果，结果有变化时可快速分辨出故障电子式互感器。

# 2.6　电压互感器型式对比及选型建议

在前文提及的四种结构型式的电压互感器中，干式电压互感器按照其电压变换原理属于电磁式电压互感器。通过对电容式电压互感器（CVT）、电磁式电压互感器（TV）、电子式电压互感器（EVT）三种不同型式电压互感器在性能、安全性、可靠性、便利性、一次性建设成本、后期成本等方面的对比，分析其优缺点，用以指导电压互感器选型。

## 2.6.1　性能对比

CVT、TV、EVT 性能对比如表 2-5 所示。

表 2-5　　　　　　　　　　　　　CVT、TV、EVT 性能对比

| 性能 ＼ 设备 | CVT | TV | EVT |
|---|---|---|---|
| 使用电压等级 | 35kV 及以上 | 110（66）kV 及以下 | 35~220kV |
| 主要结构组成 | 电容单元和电磁单元 | 电磁单元 | 分压器、采集器、合并单元 |
| 绝缘介质 | 油纸 | 油、环氧树脂、$SF_6$ | 油、环氧树脂、$SF_6$ |
| 绝缘性能 | 优于 TV | 高电压等级绝缘结构复杂 | 与 CVT 相当 |
| 二次信号 | 模拟信号 | 模拟信号 | 数字信号 |
| 二次信号传输介质 | 电缆压接 | 电缆压接 | 光缆插接 |
| 准确度 | 能够满足 0.5 级要求 | 优于 CVT | 与 CVT 相当 |
| 频率特性 | 频率范围窄 | 频率范围，较 CVT 宽 | 频率范围宽，较 TV 宽 |
| 温度特性 | −40~40℃ | 对温度不敏感，温度范围宽 | −40~70℃ |
| 抗铁磁谐振性能 | 不与系统发生铁磁谐振，内部可能发生铁磁谐振 | 易与系统发生铁磁谐振 | 抗铁磁谐振性能最好 |
| 抗电磁干扰性能 | 不易受电磁干扰 | 不易受电磁干扰 | 易受电磁干扰 |

## 2.6.2 安全性对比

CVT、TV、EVT 安全性对比如表 2-6 所示。

表 2-6　　　　　　　　　CVT、TV、EVT 安全性对比

| 安全性 ＼ 设备 | CVT | TV | EVT |
|---|---|---|---|
| 人身伤害风险 | 高压触电、火灾灼伤等风险低 | 高压触电、火灾灼伤等风险低 | 高压触电、火灾灼伤等风险最低 |
| 设备爆炸风险 | 不易发生爆炸、火灾；存在二次短路风险 | 存在爆炸、火灾风险；存在二次短路风险 | 不易发生爆炸、火灾；不存在二次短路风险 |
| 电网风险 | 相当 | 相当 | 相当 |

## 2.6.3 可靠性对比

CVT、TV、EVT 可靠性对比如表 2-7 所示。

表 2-7　　　　　　　　　CVT、TV、EVT 可靠性对比

| 可靠性 ＼ 设备 | CVT | TV | EVT |
|---|---|---|---|
| 故障概率 | 故障概率较低 | 故障概率较 CVT 略高 | 故障概率较 TV 高 |
| 故障检修时间 | 需整体更换，较 EVT 部件更换时间长 | 需整体更换，较 EVT 部件更换时间长 | 如果只涉及二次部分更换，故障检修时间较 CVT、TV 短 |
| 主要问题及缺陷 | 密封不良、受潮、渗漏油 | 铁磁谐振、密封不良、受潮、渗漏油 | 在强电磁环境干扰下易损坏，较传统互感器故障率高 |
| 制造工艺和质量控制 | 电容单元制造工艺（电容芯卷制、装配、干燥、浸渍）及质量管控复杂、要求高 | 绕组制造工艺（绕组绕制、装配、干燥）简单 | 油纸电容分压型与 CVT 相当；$SF_6$ 电容分压型零件加工、装配工艺要求较高；二次部分生产工艺成熟 |

## 2.6.4 便利性对比

CVT、TV、EVT 便利性对比如表 2-8 所示。

表 2-8　　　　　　　　　　　CVT、TV、EVT 便利性对比

| 便利性 ＼ 设备 | | CVT | TV | EVT |
|---|---|---|---|---|
| 安装便利性 | 工期 | 较 TV 长 | 短 | 最长 |
| | 工艺复杂程度 | 当耦合电容器为多节时，安装时较 TV 和 EVT 工序复杂 | 整体安装、简单方便 | 重量轻，一般为单节，安装较方便。涉及与保护装置联调，调试过程相对较复杂 |
| 运维便利性 | 日常运维工作量 | 运行过程中需对油位进行巡视，日常主要开展红外测温工作 | 运行过程中需对油位（气压）进行巡视，日常主要开展红外测温工作 | 无油位观测、记录等巡视任务，日常主要开展红外测温工作。部分设备存在 SF₆ 气压巡视工作 |
| 检修便利性 | 检修周期 | 检修基准周期是 3 年 | 检修基准周期是 3 年 | 检修基准周期是 3 年 |
| | 检修项目 | 设备外观维护、分压电容器试验、二次绕组试验等工作 | 设备外观维护、绕组绝缘电阻和介质损耗因数、油中溶解气体分析（110kV 及以上）等工作 | 设备外观维护、分压电容器试验等工作 |
| 更换改造便利性 | 更换型式 | 整体更换 | 整体更换 | 整体更换或更换采集器等部件 |
| | 更换工期 | 较 TV 长 | 短 | 最长 |

## 2.6.5　一次性建设成本

CVT、TV、EVT 一次性建设成本对比如表 2-9 所示。

表 2-9　　　　　　　　　CVT、TV、EVT 一次性建设成本对比

| 建设成本 ＼ 设备 | CVT | TV | EVT |
|---|---|---|---|
| 占地成本 | 相当 | 相当 | 相当 |
| 安装成本 | 相当 | 相当 | 较 CVT 和 TV 高 |
| 调试成本 | 相当 | 相当 | 较 CVT 和 TV 高 |

## 2.6.6　后期成本

CVT、TV、EVT 后期成本对比如表 2-10 所示。

表 2-10 CVT、TV、EVT 后期成本对比

| 后期成本 ＼ 设备 | CVT | TV | EVT |
|---|---|---|---|
| 运维工作量及成本 | 运行过程中需对油位进行巡视，日常主要开展红外测温工作 | 运行过程中需对油位（气压）进行巡视，日常主要开展红外测温工作 | 无油位观测、记录等巡视任务，日常主要开展红外测温工作 |
| 例行检修工作量及成本 | 检修基准周期是 3 年，设备外观维护、分压电容器试验、二次绕组绝缘电阻等工作。检修工作量为 2 人·h | 检修基准周期是 3 年，设备外观维护、绕组绝缘电阻和介质损耗因数、油中溶解气体分析（110kV 及以上）等工作，检修工作量为 2 人·h | 检修基准周期是 3 年，设备外观维护、分压电容器试验等工作。检修工作量为 2 人·h |
| 更换工作量及成本 | 本体一旦损坏需整体更换；成本相当 | 本体一旦损坏需整体更换；成本相当 | 根据二次元件使用寿命定期更换；根据损坏部件不同，分为整体更换、更换采集器等部件；成本较 CVT、TV 高 |

## 2.6.7 优缺点总结及选型建议

### 2.6.7.1 电容式电压互感器

优点：绝缘可靠性高，不易与系统发生铁磁谐振，高电压等级价格占优，电磁单元的额定电压较低等。

缺点：准确度及暂态响应稍差，设备本身有发生铁磁谐振可能等。

选型建议：对于新建或改造敞开式变电站，110（66）kV 及以上电压等级优先选用电容式电压互感器，35kV 及以下中性点不接地系统不应选用电容式电压互感器。

### 2.6.7.2 电磁式电压互感器

优点：准确度高，低电压等级价格较便宜，环氧浇注干式电压互感器适用于户内等。

缺点：高电压等级绝缘结构复杂，存在磁饱和，易与系统发生铁磁谐振等。

选型建议：新建或改造敞开式变电站，关口计量精度要求高的线路电压互感器优先选用低磁密电磁式电压互感器；35kV 及以下电压等级户内设备优先选用环氧浇注干式电压互感器。

### 2.6.7.3 电子式电压互感器

优点：无铁磁谐振，高压部分绝缘结构简单、体积小、重量轻，易与 GIS、隔离断路器等一次设备集成，频率响应范围宽，信号可就地数字化，耐火防爆，二次部件可单独更换等。

缺点：可靠性有待进一步提高，采集单元受环境和电磁干扰影响大且寿命较一次设备

短，成本高等。

选型建议：适用于各电压等级 GIS 内部集成。建议加强技术攻关和性能检测，提高可靠性、降低成本，研究进一步深化应用。

### 2.6.7.4　光学电压互感器

优点：高、低压侧光电隔离，无电磁能量传递，无二次短路危险和铁磁谐振。一次部分采用全光学部件，无源工作，无供能和电磁干扰问题，不受 VFTO 影响。低功耗、零热损耗，也不会对大气、水等造成污染。光学电压互感器结构简单、安装方式灵活，节省金属材料，节约占地。

缺点：通过测量电场来测量电压的方式，容易受到周边杂散电场的影响，传感单元的屏蔽设计难度大。国内光学晶体配套厂家少，光学工艺难度大，定制光学组部件价格高。温度、振动等环境条件的影响缺少长期运行数据验证。

选型建议：光学电压互感器在 GIS 设备厂家或绝缘套管厂家完成安装调试，变电站现场随 GIS 和绝缘套管整体安装。光学电压互感器的技术原理 Pockels 效应已经在不同领域得到验证，原理较成熟。但实现光学电压互感器产品的工程应用仍需解决以下技术难点：

（1）光学电压互感器传感单元在 GIS、绝缘套管中的杂散电场屏蔽设计技术。

（2）基于 Pockels 效应的核心光路工艺技术。

（3）温度、振动等环境条件对光学电压互感器长期稳定性的影响。